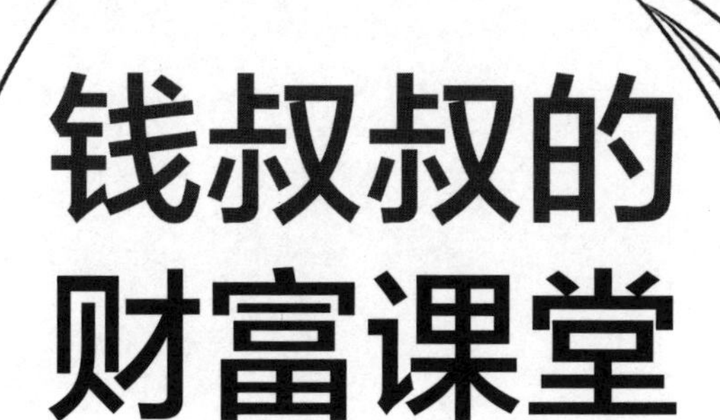

钱叔叔的财富课堂

给孩子的财商启蒙课

景仲生 著

应急管理出版社
·北京·

图书在版编目（CIP）数据

钱叔叔的财富课堂：给孩子的财商启蒙课／景仲生著. -- 北京：应急管理出版社，2020

ISBN 978 - 7 - 5020 - 8124 - 9

Ⅰ.①钱… Ⅱ.①景… Ⅲ.①财务管理—儿童读物 Ⅳ.①TS976.15 - 49

中国版本图书馆 CIP 数据核字(2020)第 095514 号

钱叔叔的财富课堂　给孩子的财商启蒙课

著　　者　景仲生
责任编辑　高红勤
封面设计　李　一

出版发行　应急管理出版社（北京市朝阳区芍药居 35 号　100029）
电　　话　010 - 84657898（总编室）　010 - 84657880（读者服务部）
网　　址　www.cciph.com.cn
印　　刷　三河市金泰源印务有限公司
经　　销　全国新华书店

开　　本　880mm × 1230mm 1/32　**印张**　6　**字数**　83 千字
版　　次　2020 年 7 月第 1 版　2020 年 7 月第 1 次印刷
社内编号　20200350　**定价**　32.80 元

前言

让孩子知道点儿钱的事

人的一生，打交道最多、最离不开的东西之一，大概就是钱了。每一个人，从孩童时代刚刚懂事起，就逐渐意识到钱对于生活的重要性，并且对钱产生浓浓的好奇和喜爱。这种认识，未必是大人刻意教给孩子的，而是生活中很多时候大人们都在和钱打交道，谈钱、花钱、赚钱，孩子耳濡目染，因而也逐渐让钱融入了自己的生活。

现实生活中，有的人将钱视为铜臭，有的人将钱奉为珍宝，有的人为钱辛劳奔波，有的人为钱机关算尽。总之，我们不管如何看待钱，钱都是我们生活中不可或缺的一部分。尽管如此，我们对钱却未必了解，很多人看到的只是钱的表象，因此总被钱牵着鼻子走，被钱役使，被钱折腾得精疲力竭、焦头烂额。

本书的主人公皮皮也在为如何对待钱发愁。爸爸常常没有足够的钱给他买他喜欢的玩具，他就和爸爸闹。有一次爸爸实在忍受不了，就对他大加训斥，甚至差点儿抡起拳头，恰好被邻居钱叔叔碰到了。钱叔叔是一位经济学家，住在皮皮家的隔壁，平常与皮皮一家并没有什么交往，这次他看到皮皮受了委屈，就上前哄皮皮，还将皮皮叫到自己家里。从此，钱叔叔为皮皮打开了一扇关于钱的大门，让皮皮走进钱的世界，了解了很多关于钱的事：

钱是怎么来的？

为什么不多造点儿钱呢？

如何才能有更多的钱？

爸爸妈妈的钱从哪里来？

小明家的钱为什么那么多？

为什么同样的工作薪水却不一样？

交警叔叔的钱从哪里来？

……

通过学习，钱在皮皮的眼里变得不再神秘，皮皮也由此树立了正确的金钱观念，并且学到了如何正确地赚钱和花钱。他开始明白，钱多的人不一定是富翁，而能正确对待钱的人，才是真正的富翁。

就让我们通过本书，和皮皮一起了解关于钱的那些事吧。

目录

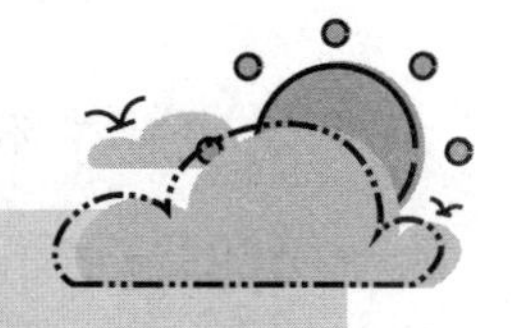

1. 皮皮的烦恼

皮皮的一大爱好就是购物。每当他和爸爸去超市，都免不了和爸爸闹一阵子。奥特曼、铁甲小宝、遥控汽车、遥控飞机、各种积木……皮皮几乎每看到一种玩具，都会爱不释手。可家里的玩具已经够多了，地板上、沙发上，甚至床上，到处都摆放着玩具，家里简直成了玩具王国。因为玩具的无处不在，妈妈常常唠叨，甚至训斥皮皮乱放玩具，把家里弄得简直不成样子，可皮皮还是觉得自己的玩具不够，每次出去他眼睛瞄准的还是玩具。

这还不算，皮皮对零食的兴趣一点儿也不亚于玩具。皮皮在家里常常不好好吃饭，总是找各种理由，有时说肚子不饿吃不进饭，有时说一点儿都不好吃，有时则捂着肚子说肚子疼，没法吃饭。听到皮皮说肚子疼，开始几次爸爸、妈妈急坏了，赶忙带皮皮去医院，可是走到半路上，皮皮却说肚子好了，一点儿都不疼了，弄得爸爸、妈妈不知道是该继续去医院，还是该回家，当然最后的结果是买了些皮皮爱吃的零食，打道回府。其实皮皮想方设法不吃饭的目的只有一个，就是留着肚子到外面买零食吃。如果在家里吃饱了，美味的零食可怎么吃呀。

可是令皮皮不明白的是，每每他要买玩具或者买零食时，爸爸总是严厉地说："不能乱花钱！"

"我没有乱花钱，我是买自己喜欢的东西呀。"面对爸爸的训斥，皮皮总是显得很无辜。

面对皮皮的狡辩，爸爸常常是感到又好气又好笑，不知道该说什么好，就干脆直接说："爸爸口袋里没有钱了。"

没钱怎么买呀？皮皮也就没有办法了。但有时皮皮会闹着掏爸爸的口袋。后来爸爸也变得聪明了，将钱藏起来，让皮皮很难找到。

这天,皮皮在小区门口的广场上玩耍,他要吃雪糕,爸爸说没钱，皮皮把爸爸的口袋翻了个底朝天，可是一分钱也没有找到。

正当皮皮失望至极时，他忽然想起了一件事情。有一次他和爸爸去银行取钱，他问银行是干什么的，爸爸说，银行就是存钱的地方，人们害怕把钱丢了，就存在银行里，如果手里没有钱花了，再去银行取出来。于是皮皮就提醒爸爸："没有钱，我们去银行去取呀！"

爸爸说："银行里没有钱。"

可是皮皮说："你说过，人们如果没钱了，就去银行取。"

爸爸有点儿哭笑不得了，皮皮都已经 8 岁了，还是这么不懂事，都是他把皮皮惯坏了，8 岁了还不知道钱是怎么来的，还以为钱是银行给他们免费提供的呢。而他自己 8 岁的时候，已经开始上山采药卖钱，给自己挣学费了。可他每次给皮皮讲这些事时，皮皮只是听得好玩，问他山上有没有遇见过老虎，有没有捉住过兔子，而对于挣钱的事情，则一点儿都不关心。

如果在平时，皮皮闹一会儿，爸爸还是会满足皮皮的，可是这一次不同寻常，爸爸单位最近效益不好，昨天发工资时仅仅发了基本工资，连一分钱的奖金都没有拿到，爸爸正烦着呢。

“你再闹，我就揍你！”爸爸终于忍耐不住了，大声吼道，还扬了一下粗壮的胳膊，举起了拳头。虽然没有落在皮皮身上，但还是把皮皮吓了一跳。

皮皮从来没看到过爸爸生那么大的气，“哇”的一声大哭起来，周围的人都看过来，眼睛里流露出对皮皮爸爸的不满，好像在说，不管发生什么事，都不该对孩子这么凶呀。爸爸的心情更加糟糕，直接拉起皮皮往家走。

走到楼门口时,从他们身后走过来一位中年男子，穿着讲究，戴一副金丝眼镜，看起来是一个很有学问的人。他住皮皮家隔壁，但皮皮一家和他并不熟悉，只是皮皮爸爸偶尔碰见一些看起来不太普通的人去中年男子的家，中年男子迎送客人时会和皮皮爸爸打招呼，那些客人也向皮皮爸爸微笑示意，让人有一种亲切的感觉。皮皮家住的这栋楼，一梯四户，中间两户，两边各一户。两边的两户是大户型，非常宽敞；中间两户是小户型，显得非常窄小。中年男子就住在皮皮家隔壁的大户型。当初买这套房子时，皮皮爸爸曾看过两边的大户型，但由于太贵，他只好买了中间的一套小户型。即便这样，还从银行贷了不少钱，每月的还款对于皮皮爸爸来说压力也不小呢。

“小不点,怎么哭了？”中年男子笑眯眯地问皮皮。中年男子平时和皮皮一家打招呼时，就对皮皮叫小不点。皮皮可不愿意别人这么叫他，因为他觉得小不点和小屁孩没有什么两样，都是看不起小孩子的。但是今天，皮皮却觉得这个称呼格外亲切，因为他觉得自己还是个小孩子，既然是小孩子，爸爸就应该给他买雪糕，而不是朝他大声吼。

“快叫叔叔好！”爸爸赶快让皮皮向中年男子问好，但是皮皮的脸上还挂着泪呢，满腹委屈，小嘴巴还噘着，叫不出来。

“不高兴啦？走，到叔叔家来玩。”

很快就到了四楼，中年男子邀请皮皮到他家玩，皮皮爸爸对中年男子很有好感，但对于此时的邀请，他还是感到有点儿突然，连忙说：“不用，不用！这孩子不听话。”毕竟他们还很不熟悉。

这时中年男子已经打开了房门，皮皮往里看了一下，但由于中年男子的身躯挡住了他的视线，他几乎看不清房里。不过这样一来，中年男子的家反而在皮皮心里增添了一种神秘感和新奇感，更增加了他想进去玩儿的欲望。

“来吧,来吧,我们都是邻居,我也很喜欢孩子的。”

经不起中年男子的一再邀请和皮皮极力想去的欲望，爸爸只好答应了。皮皮进去的时候，爸爸说：“可别待太久了啊，还要做作业呢。”其实皮皮的作业早做完了，只是爸爸确实觉得不好意思啊，给不太熟悉的人添麻烦，他心里很不安。

隔壁的钱叔叔

皮皮来到中年男子的家,感到一下子开阔了许多。这个家比他家大多了，他觉得自己好像一下子进入了一个广阔的天地。皮皮家只有一个房间和一个客厅，房间作为爸爸、妈妈的卧室，客厅的一个角落里给皮皮放了一张小床。而这个中年男子的家，有好几个房间，还有一个大客厅。一个房间是卧室，精致的红木床，床头的红木显得古香古色；另一个房间里放着各种各样的工艺品，那些精致美丽的东西，使一向调皮的皮皮都不敢去动一下。还有一个房间全是书，书柜用的仍是古色古香的红木。客厅的茶几上放着各种水果，还有皮皮最爱吃的巧克力。皮皮心想，要是我也能有这样一个家多好啊。

“你喜欢吃什么，就自己拿。”中年男子笑着说。皮皮有点儿拘谨和羞涩，他真想大吃一通，但是他没有动，也没有说不要。于是中年男子给了皮皮一块巧克力，皮皮说了声“谢谢叔叔”，就赶忙剥开吃了。

“我姓钱，以后你就叫我钱叔叔吧。”中年男子笑着说。

“钱？”皮皮有点儿疑惑，他以前可没听说过有这个姓。看到叔叔家这么好，皮皮觉得姓钱的人可能都很有钱，于是他问道：“钱叔叔，是不是姓钱的人都有钱？”

“哈哈哈！”钱叔叔被皮皮的话逗得大笑起来，皮皮也被自己傻乎乎的样子逗笑了，不过皮皮已经不再像刚来时那么紧张。他将茶几上的东西逐个拿起来吃了个遍。一边看他吃着，钱叔叔一边微笑着和他聊天，都是“皮皮多大了”“在哪个学校上学”“考试考了多少分”之类的话题。皮皮都认真地回答了，而且感到很亲切，很温暖。

皮皮和钱叔叔聊了一会儿，注意到茶几上还放着几本书，一本是《世界经济大趋势》，一本是《中国经济前景》，还有一本是《经济发展与伦理道德的变化》。对于这些书皮皮并不感兴趣，但是这几本书上都有经济两个字，皮皮便觉得有些奇怪。对于经济，皮皮常听爸爸、妈妈说起，电视上也常常播放关于经济的事情，比如经济走势、经济危机之类，但经济到底是怎么回事，皮皮却不大明白，也没有去问爸爸、妈妈，因为他脑子里整天只是想着玩，看电视也只喜欢看动画片。但是今天经济这两个字却引起了他的兴趣。于是皮皮问：“钱叔叔，经济是什么意思啊？”

“经济？”钱叔叔忽然兴奋起来，因为这正问到了他的专长所在。皮皮所不知道的是，钱叔叔是皮皮生活的这个城市里的一所大学的经济学教授，目前正在研究一个经济学课题。他家本来不在这个小区，但是为了静心研究，他在这个小区里租了一套房子，作为自己的书房。

“经济，一般来说，也与钱有关吧，而关于钱的事，也是一门学问，经济学也研究与钱有关的那些事。”钱叔叔说。

“噢——钱！”皮皮也兴奋起来，“难怪钱叔叔这么有钱，原来你是研究钱的。”

皮皮的话把钱叔叔逗得哈哈大笑起来。但是皮皮的话还没有停止，他还在说：“钱对于我们太重要了，我们干什么都需要钱，我买玩具需要钱，买零食需要钱，但是爸爸总是说他没有钱。星期天我让他带我去玩，他说他要加班，如果他不去加班，我们买房子的钱就还不了，也没有钱给我买好吃的。我每天早上想睡个懒觉，但是爸爸却把我叫起来，我不想起床他就打我屁股，说我再睡，他送我上学晚了，上班就会迟到，就要被扣工资。爸爸还说，我现在只知道玩，不好好学习，将来一定挣不到钱养活自己……”

皮皮对钱的感受太深了，所以他不停地说着关于钱的事情，钱叔叔就不停地在笑。后来看到钱叔叔在笑自己，皮皮有点儿不好意思了，但还是嘟囔了一句：“我真的不知道这是为什么，钱好像是一只怪兽，在控制着这个世界，爸爸、妈妈整天都围着钱团团转，说什么都是‘钱钱钱’！”

皮皮的话让钱叔叔吃了一惊，他没想到一个小孩子竟然说出这么深刻的话。不过他很快就平静下来了，摸着皮皮的头，笑了笑说：“傻孩子，钱不是怪兽，它也不能控制世界，控制世界的是人，一个人只要掌握了关于钱的知识，就会拥有很多钱，而不是被钱所控制。”

钱叔叔的话让皮皮眼前一亮，他一直都想拥有很多钱，他现在缺少的就是钱，他一直都在为没有钱而烦恼，于是他赶紧说：“钱叔叔，我想掌握关于钱的知识，可是怎么掌握呢？”

“哈哈哈，想不到你这个小不点这么爱钱。”钱叔叔笑着说。皮皮有点儿不好意思了。钱叔叔又说：“钱叔叔教给你。”

“哇！好啊！”皮皮高兴得拍着小手跳了起来。

就在这时，忽然听到轻轻的敲门声，然后伴随着的是爸爸的叫声。

“一定是爸爸叫我回家呢。”皮皮嘀咕了一声。

钱叔叔起身去开门，果然是皮皮爸爸。皮皮爸爸将脑袋探进来，对钱叔叔歉意地笑着，叫皮皮回家。皮皮一下子就蔫了，钱叔叔马上就要给他讲关于钱的知识了，他当然不愿意回家。但是爸爸连哄带唬，皮皮尽管有一百个不情愿，但还是不得不回家。

皮皮走时，钱叔叔说：“我们已经成了好朋友，叔叔很喜欢你，你随时可以来啊。”

钱叔叔这句话，让皮皮失落的心稍稍有些安慰。但他还没有来得及回答钱叔叔，就被爸爸拖进了家门。

2. 钱到底是个什么东西

一连几天，皮皮都在想着钱的知识。他使劲地回味着钱叔叔的话：一个人只要掌握了关于钱的知识，就会拥有很多钱，而不是被钱所控制。

可是他却想不出一点儿头绪，他只是觉得钱的知识太神奇了，就像武侠电视剧中的独门秘籍一样，只要掌握了它，就能练就一身好武功，独霸武林。难怪好人和坏人都在不惜一切地争夺那种独门秘籍呢。他觉得，要是他掌握了钱的知识这种独门秘籍，就一定会拥有很多钱，他就再也不会因为钱而常常和爸爸闹掰了。

于是他急切地想再去钱叔叔家，但是这个想法绝不能告诉爸爸和妈妈，如果告诉他们，他们是绝对不会答应的。因为上次他从钱叔叔家被爸爸连哄带唬叫回家后，爸爸的第一句话就是，“以后再也不许去钱叔叔家了”。后来爸爸将这件事告诉了妈妈，当然妈妈的态度和爸爸是一样的。于是他就趁一个星期天，爸爸去加班、妈妈在看电视剧的时候，一个人偷偷溜出家门，敲钱叔叔家的门。

门开了，钱叔叔一见是皮皮，好像是好久不见的好朋友来了一样，显得非常兴奋，连忙将皮皮迎进门来。皮皮也非常兴奋，急切地问：“钱叔叔，你现在能给我讲关于钱的知识了吧。”

“当然可以，小不点，叔叔现在就给你讲。”钱叔叔说着，停顿了一下，摸了一下皮皮的头，又说，“不过，关于钱的知识一次可讲不完，得讲好多次，你得向叔叔保证，你一定要坚持听完。如果你只听了一点点儿，你将来还是会没有钱的。”

“钱叔叔，我一定会听完。”皮皮迫不及待地说，“我觉得关于钱的知识就像武功秘籍一样，一定要练完，才能练成一身绝世武艺。”

“哎哟，皮皮说得对。”钱叔叔说着又摸了一下皮皮的头，他很惊异这孩子的认识，觉得这个孩子的领悟能力真强。

“好，现在叔叔就来给你讲关于钱的知识。”钱叔叔一边说着，一边走进一个房间。他在里面鼓捣了一会儿，出来时手里捧着一堆五颜六色的贝壳，非常美丽。他问皮皮：“这是什么？”

“贝壳呀。”皮皮说，但他心里却在想，钱叔叔也太小瞧我了，我怎么会连贝壳都不认识呢。

“不错，这是贝壳。现在人们一般是将贝壳作为装饰品，但是在很早很早的时候，贝壳却被人们当作钱来用呢。”

“贝壳也能当钱用？”皮皮疑惑地睁大了眼睛。

“对。关于钱的知识就从贝壳开始讲起吧。”

接下来，钱叔叔就给皮皮讲起了关于钱的故事——

钱的来历

我们知道，人类是由猿进化来的。就在猿刚刚进化成人的时候，人们是不用钱的，那时候钱还没有被发明出来呢。

那时的人们，主要靠狩猎、捕鱼和采摘野果生存。他们打到的兔子呀，野鸡呀，捕捞到的鱼呀，采摘到的野果子呀，主要是自己吃，而不是拿到集市上去卖。

就像《西游记》里花果山上的那些猴子，它们采摘的桃子都是自己吃。但有时也有这样的情况，比如我这几天每天得到的猎物都是兔子，而你这几天每天获得的食物都是桃子，我将兔子吃腻了，你也将桃子吃腻了，于是我们就会进行交换，我用我打到的兔子换取你采摘的桃子。

人们之间最初的交换，就是这样进行的，用一种物品换取另一种物品，经济学家把这种交换方式叫作**以物易物**。

当然，人们不光是用兔子交换桃子，好多东西都可以用来交换的。

但是用一种物品来换取另一种物品，也会出现一些问题。比如我今天并不想拿兔子换桃子，因为我今天不想吃桃子，我想吃苹果。但是当我拿着兔子找到摘了苹果的人去换时，人家不想吃兔子，人家也不换。再比如，我今天运气特别好，打了一只野猪，能吃好多天，但是野猪肉不能长期保存，一时吃不完就会坏掉，即使我把吃剩的大部分拿去换成桃子呀、苹果呀什么的，苹果和桃子一时吃不完也容易坏掉。

所以以物易物虽然能够使人们换到自己所需要的东西，却很不方便。于是在这种情况下，人们就用一种中间物品来进行交换。

据说人们最早用来作为中间交换的物品是活的动物。当时人们打猎，常常会捕获到一些活的动物，比如兔子、野鸡、野猪、野牛等。人们一时吃不了，就将它们圈养起来，作为自己将来的食物，万一哪一天打不到猎物了，就可以用来吃。另外，让它们繁殖幼崽，生下的小兔子、小鸡、小猪，再养大，作为自己的食物。人们将这些动物养得时间长了，一代又一代地养，它们身上的野性就退化了，成了我们今天的家禽和家畜。人们为什么用这些活的动物来作为交换的中间物品呢，就是因为这些活的动物能够圈养起来，今天一时吃不了，先养着，过一段时间再吃。

但是用这种活的动物来交换还是不太方便，比如有些人一天里采摘了很多桃子，但是他可不想换一只野猪来养，因为饲养一只野猪可不是一件容易的事情，如果看管不好，它逃掉了怎么办？其实对于大多数人来说，如果有一种既不容易坏掉，又便于携带的东西来做中间交换物，该多好啊。

后来，人们便将用于交换的中间物品固定为贝壳，因为贝壳不仅非常美丽，而且非常有用，人们可以用它来做装饰品，如人们把贝壳穿起来，挂在脖子上做项链，套在手腕上做手链。那时，凡是人们用来做交换的中间物品，必须是有用的。否则谁会用对自己有用的东西从别人那儿换一件没有什么用处的东西呢？

而贝壳能够被原始人长期用作交换的中间物品，是因为贝壳不仅有实际的用处，而且还有其他几个特点，因此非常适合做交换的中间物品：

贝壳比较小，便于人们携带；

贝壳坚固耐用，不容易坏；

贝壳容易统计数量，一个、两个、三个……数起来很方便；

贝壳采集起来比较难，不容易获得，如果容易获得，就像树叶，太多了，每个人很快就能捡一大堆，大家都不需要交换的。

因此，贝壳就成为人类最早普遍使用的货币——钱。

世界上的许多地方，各种类型的贝壳都曾被作为货币使用过。印第安人生活的地方，还有欧洲的一些地区，就曾用贝壳做过货币。

你看，中国凡是与钱财有关的汉字，都是贝字旁，如财、货。另外，我们也常常把非常贵重的东西叫宝贝，就是因为最早的钱曾经是贝壳，贝在人们的眼里，那可是财富的符号！

后来，人们学会了金属冶炼，能够冶炼出金、银等金属。金、银是既实用又携带方便的一类物品，而且也很难获得，人们要冶炼出一块金子或者银子是很难很难的，于是人们就将金、银作为货币，用于物品交换。尤其是银，作为货币用了很长的时间，再到后来，才出现了纸币，也就是我们今天使用的钱。

“哇，钱原来就是这么来的呀！”听完钱叔叔的话，皮皮有一种恍然大悟的感觉，感到既新鲜，又兴奋。

正在这个时候，外边响起一声又一声妈妈喊皮皮回家吃饭的声音。皮皮知道，那是妈妈不知道自己到哪里去了，就将头伸出窗外放开嗓门呼喊，他听到后就会回家。钱叔叔也听到了皮皮妈妈的呼喊声，问皮皮：“你妈妈知道你来叔叔这里吗？”

皮皮说：“不知道。”

“你为什么不告诉爸爸、妈妈呢？这样不好，以后你来我家，一定要给爸爸、妈妈打招呼，要不然，他们找不见你，会着急的。”

皮皮点了点头。

“那你赶快回去吧。你过几天再来，好吗？”

“好的。”

皮皮只好回家了。其实，皮皮还没有听够呢。

过了不久，皮皮碰见钱叔叔，钱叔叔又叫皮皮去他家玩，他又给皮皮讲了关于钱的一些知识。

多知道一点儿

·形形色色的货币·

贝壳货币： 贝壳是人类最原始的货币。直到18世纪，北美的印第安人还在使用贝壳货币。为了携带、保存方便，他们把贝壳穿珠，叫作沃坡姆。最常见的珠子是白色的，还有紫色的，但数量很少，因而更值钱。1760年，由于工厂大规模生产串珠，市面上的珠子多了，因而价值下降，不再被当作货币使用。

谷物货币： 在古代埃及，人们把谷物作为货币来使用。当时人们把粮食保存在国家粮库内，而粮库给人们颁发相应的凭证，人们利用这些凭证就可以进行交易。

金属货币： 自从金属冶炼技术发明以后，金属货币就逐渐成为人类社会主要的货币形式，金、银、铜、铁等都分别做过铸造货币的材料，而白银作为货币使用的范围更大，时间也更长。清朝结束前，中国都一直用白银作为货币。

琥珀金币：大约在公元前640年，土耳其境内的利迪亚利用一种自然形成的金银混合物——琥珀金，制造了一种货币，这被认为是世界上最早的货币。

纸币：纸币是现代社会最重要的一种货币形式。我国北宋时期，出现了世界上最早的纸币——交子。

支票：支票是支付给某人一定数量的钱的书面凭证。因为持有这种凭证就能够从银行取到钱，所以支票虽然不是货币，但具有货币的功能。支票主要是人们在进行大宗交易时使用。

电子货币：随着现代科技的高速发展，人们现在买东西时可以不用现金，而是用银行卡等来进行支付。非常便捷，也不用担心小偷来偷。

·货币是衡量商品价值的尺度·

货币是衡量商品价值的尺度。比如汽车展厅里有两辆汽车，一辆价格为10万元人民币，一辆为20万元人民币，通过价格，我们就能够辨别哪一辆汽车的性能和质量更好。反过来，我们也能通过它们各自的性能和质量来判断哪辆汽车更值钱。

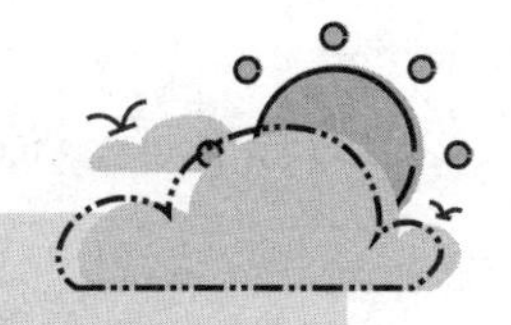

3. 为什么不多造点儿钱呢

一连好多天，皮皮都沉浸在钱叔叔讲的故事里。他想：要是我们今天在原始社会，该多好呀！我到海边去捡很多很多的贝壳，那我不就有钱了吗？也就不用整天再听爸爸、妈妈“没钱没钱”的唠叨了。

但这个念头刚一闪过，他又觉得不对，原始社会哪有那么多好吃的和好玩的东西呢？再说，贝壳也不是那么好捡的，于是他又觉得自己想法很可笑。

忽然，又一个想法在皮皮的脑海里闪现：现在的钱不是纸币吗？过去的钱——贝壳是人捡来的，今天的钱——纸币是人造出来的，那么是谁造的钱呢？为什么不多造一些钱呢？于是他问爸爸：“爸爸，人们为什么不多造一些钱呢，那大家不就都有钱了吗？”

“造钱？哈哈，异想天开！你只有现在好好学习，长大了找个好工作才能多赚钱！”爸爸说。

“爸爸，我问的是为什么不多造钱。”皮皮显然对爸爸的回答不满意。

“小孩子家，不好好学习，尽想这些歪门邪道！”爸爸不能回答皮皮，只能板起脸来批评他。皮皮也就不敢再吱声了。

其实这些事情，爸爸根本就没有考虑过。爸爸只是一个普通人，他只知道靠工作来赚钱，而且赚钱很辛苦，就恨不得把一个钱当两个来花。至于钱到底是怎么一回事，世界上为什么会有钱，为什么不能多造些钱，爸爸不懂，也不关心，他关心的是没有钱就没办法生活，自己如何才能多挣点儿钱。

皮皮就想去问钱叔叔，他想钱叔叔一定能够回答他的问题。这样想着，他就跑出门，一边跑一边说：“我去问问钱叔叔。”

“不能去！”爸爸一边拒绝，一边去追皮皮。

但是迟了，等爸爸来到钱叔叔家门口，皮皮已经敲开了门，钱叔叔已经出现在门口了。

“呵呵，是皮皮啊，来来来！”钱叔叔一边一把拉住皮皮，一边对皮皮的爸爸说，“没事，让孩子来玩玩。”

皮皮回头向爸爸做了个鬼脸，进了钱叔叔的家门，爸爸只好歉意地说：“实在不好意思啊。皮皮，记着听叔叔的话！”

现在，皮皮已经不那么怕生了，他一进门，就迫不及待地问：“钱叔叔，过去钱是贝壳，但是贝壳很难捡到，所以人们要有钱很难，但是现在的钱是人造的，那为什么不多造些钱呢，这样大家不就都有钱了吗？爸爸、妈妈也不会为钱的事情整天发愁了。”

“哈哈，皮皮爱动脑筋，学会思考问题了。”钱叔叔说着，摸了一下皮皮的头。皮皮显得有点儿不好意思。

钱叔叔继续说：“虽然今天的技术很发达，造钱也不是什么难事，但是钱却不能想造多少就造多少。”

“那是为什么呢？”皮皮疑惑地问。

“我们先做一个游戏。”钱叔叔说。

一个有趣的游戏

“我可爱做游戏了！”一听说要做游戏，皮皮高兴得几乎要跳起来了。

但是，钱叔叔又犹豫了一下，说：“这个游戏，人数太少恐怕做不成。”

皮皮的兴头刚被提起来，忽然听说又做不成，心一下子又凉了下来。

忽然，一阵清脆的门铃声响起来，钱叔叔赶忙去开门。一下子来了三个人，两个叔叔，一个阿姨。他们和钱叔叔好像是好久不见的朋友，亲热地寒暄着，那个阿姨还摸了摸皮皮的头，问是钱叔叔的什么人。钱叔叔说：“我最近收的一个小徒弟。”一屋子的人哈哈大笑起来，皮皮也一下子感到更加亲切。

寒暄之后，钱叔叔说：“我们现在做一个游戏。”

“好啊！”皮皮又变得兴奋起来。

现在一共是 5 个人，钱叔叔拿出一副扑克牌，每人发了 10 张，每张代表 1 元钱，每个人共有 10 元钱。

他们要做一个买卖游戏，卖东西的人是钱叔叔，他要卖一支钢笔，其他 4 个人来买那支钢笔。

钱叔叔开始叫卖，一支钢笔 5 元钱。大家都想买这支钢笔。于是大家开始加价，最后一个叔叔用 10 元钱买走了这支钢笔。

这时钱叔叔说，游戏暂告一段落。但皮皮并没有看出这个游戏和他的问题有什么关系。

然后，钱叔叔又拿出一副新的扑克牌，给每人发了 10 张，仍是每张代表 1 元钱。现在每人手里的钱就是 20 元钱了。

下一轮游戏又开始了，钱叔叔还是卖钢笔。这一次，大家为了买到钢笔，不断地增加出价，钢笔的价格越涨越高。一个叔叔要用 10 元来买，可是那个阿姨说她可以出 15 元，皮皮实在想要，最后用 20 元买了。

接下来又进行第三轮游戏。这次，钱叔叔又拿出一副扑克牌，给每个人发了 10 张。这样，每个人手里就有 30 元钱了。这一次，大家为了买到钢笔，继续不断地加价，因为这次大家手里钱更多了，所以价格也加得更多。一个叔叔出 20 元，另一个叔叔就出

22 元，皮皮咬了咬牙，出了 24 元，他想他肯定能买到了，没想到阿姨一下子出到 30 元，最后买到了这支钢笔。

钱叔叔说："我们的游戏就做到这儿吧，这个游戏说明了什么呢？"

那个阿姨刚要回答,钱叔叔赶忙朝她使了个眼色。阿姨立即明白了钱叔叔的意思，她微笑着看着皮皮。钱叔叔和另外两个叔叔也都微笑着看着皮皮。

皮皮眨了眨眼睛，想了一下说："这三轮游戏，每一次都是卖一支钢笔，但每一次每个人手里的钱不断增加，钢笔的价格也不断上涨。这说明，如果要卖的东西不变，人们手里的钱越多，要卖的东西的价格就会越贵。"

"呦，真聪明！"几个人都同时为皮皮竖起了大拇指。

钱叔叔问："你还记得你开始提出的问题吗？"

皮皮说："当然记得。"

钱叔叔说："这就是为什么不能把钱造多些的原因。因为如果要卖的物品是一定的，人们手里的钱越多，物品的价格就会越高，经济学上把这种现象叫作**通货膨胀**。”

“哦，我明白了，钱造得再多，也是没有用的，也买不来更多的物品。世界上的钱，应该和物品相等才对。”皮皮恍然大悟。

接下来，钱叔叔又为皮皮讲了关于通货膨胀的一些事——

多知道一点儿

·通货膨胀·

纸币是由国家发行的。国家有权发行纸币，但不可以任意发行纸币。因为纸币的发行量必须以流通中所需要的数量为限。纸币的发行量超过流通中所需的数量，纸币就会贬值，物品的价格就会上涨，这就是通货膨胀。如果出现通货膨胀，人们手中的钱就不值钱了。通货膨胀对人们的经济生活和社会秩序会造成严重的影响。

·100 元只能买几粒大米·

中国的抗日战争和解放战争时期，由于国民党政府不断大量发行货币，造成了严重的通货膨胀，货币急剧贬值。当时的货币是法币，抗战前夕，法币发行总额不过 14 余亿元，到日本投降前夕，法币发行总额已达 5000 亿元。到 1947 年 4 月，又增至 16 万亿元以上。到 1948 年，达到 660 万亿元以上，等于抗战前的 47 万倍，物价上涨 3492 万倍。

1937 年抗战前，100 元法币可买到两头牛，1938 年变为一头牛，1939 年可买一头猪，1941 年只能买一袋面粉，1943 年只能买一只鸡，1945 年只能买一个煤球，到了 1948 年，甚至只能买到几粒大米。据说当时的家庭主妇去菜市场买菜，去时提一篮子钞票，回来时却买不到一篮子菜。

·奇怪的小偷·

第一次世界大战前，德国的货币供应量约为 60 亿马克。到 1918 年 11 月第一次世界大战结束时，已增至 284 亿马克，相当于战前的 473%。

但德国的通货膨胀并未随着大战的结束而终结，相反在战后出现了喷涌式加剧。1922年初到1923年底，在两年的时间里，德国的货币发行量上升到天文数字。1923年底，德国的货币流通总量相当于战前的1280亿倍。

1921年1月，德国每份报纸的价格为0.3马克，1922年5月上升为1马克，10月为8马克；1923年2月为100马克，9月为1000马克，10月1日为2000马克，10月15日为12万马克，10月29日为100万马克，11月9日为500万马克，11月17日为7000万马克。

据说当时德国街头的一些儿童用大捆大捆的纸币马克玩堆积木的游戏。一些家庭主妇煮饭时，宁愿不去买煤，而是烧那些可以用来买煤的纸币。更让人大跌眼镜的是，一个小偷去别人家里偷东西，看见一个筐里边装满了钱，但是他没有偷钱，而是把钱倒了出来，只把筐拿走了。还有人说，一位妇人用手推车载着满满一车的马克，一个小偷趁她不注意，掀翻了那一车纸币，推着手推车狂奔而逃。

4. 如何才能有更多的钱

听钱叔叔讲了“通货膨胀”后，皮皮知道，人们要拥有很多很多的钱，采用多造钱的办法是行不通的。但是，他知道，钱对于人们太重要了，没有钱，就无法购买家里需要的东西；钱对于他自己来说，也是很重要的，没有钱，就没有办法购买他喜欢的各种玩具和零食。

那么，怎样才能有更多的钱呢？

一连几天，皮皮都在想这个问题。他想去问爸爸，但他想爸爸肯定不知道，如果爸爸知道，爸爸现在肯定是一个很有钱的人了。所以他想，还是不要问爸爸了，问了也白问，说不定还会得到一顿训斥呢。他曾经问爸爸为什么不多造钱，爸爸就说他异想天开。

于是，他又一次敲开了钱叔叔的家门。钱叔叔一看是皮皮，赶忙将皮皮迎进来，他一边给皮皮拿了一个大苹果，一边问皮皮："小不点，今天是不是又有什么新问题啦？"

皮皮一边大口地咬着大苹果，一边给钱叔叔说自己的问题。

钱叔叔听完，一边呵呵笑着，一边摸着皮皮的头说："皮皮真是一个爱动脑筋的孩子，这个问题问得太好了。怎么样才能有更多的钱呢？当然是努力工作啦。"

接着，钱叔叔就开始给皮皮讲起来——

劳动创造财富

前面，我们已经知道了，钱是人们用来交换的中间物品，钱是在人们进行物品交换的时候产生的。我们还知道，如果人们要交换的物品是一定的，人们手里的钱太多了，物品的价格就会很高，所以尽管现代人有能力造很多的钱，但是钱造得再多也是没有用的，因为更多的钱也买不来更多的东西。所以，一个国家发行的货币总量是根据生产的物品总量来确定的，如果生产的物品多，制造的货币数量就多；如果生产的物品少，制造的货币数量就少。

所以，一个国家要增加很多的货币，不是去制造更多的货币，而是要生产更多的物品。只有生产了更多的物品，才能在此基础上制造和发行更多的货币。而怎样才能生产更多的东西呢？当然就是要鼓足干劲，努力工作，付出更多的劳动。

要生产更多的粮食，农民伯伯就要付出更多的劳动用于耕种；

要生产更多的布匹，纺织工人就要付出更多的劳动用于织布；

要生产更多的钢铁，钢铁工人就要付出更多的劳动用于炼钢；

要生产更多的煤炭，煤炭工人就要付出更多的劳动用于采煤；

我们要看更多更好的电影，导演、演员们就要付出更多的劳动用于拍戏；

我们要更多、更好看的图书，作家就要付出更多的劳动用于写作，印刷工人就要付出更多的劳动进行印刷；

小朋友们要更多、更好玩的玩具，玩具厂设计师就要付出更多的劳动用于设计，制造工人就要付出更多的劳动用于制造；

……

总之，如果人们不付出更多的劳动，就不会生产出更多的东西。人们付出了更多的劳动，生产出了更多的东西，国家就可以在此基础上制造更多的货币——钱。我们常说的劳动创造财富，就是这个道理。

皮皮听了，觉得钱叔叔讲得真好。他感到自己想破脑袋都想不明白的问题，经钱叔叔一讲，就很快明白了。钱，原来就是这么回事，真奇妙！

接下来，钱叔叔又为皮皮讲了关于劳动创造财富的一些事——

多知道一点儿

·富翁的“炼金术”·

泰国有个叫奈哈松的人，一心想成为大富翁，他觉得成功的捷径便是学会炼金术。他把全部的时间、金钱和精力都用在了炼金术的实践中。

不久，他花光了自己的全部积蓄，家中变得一贫如洗，连饭也吃不上了。妻子无奈，跑到父母那里诉苦，她父母决定帮女婿改掉恶习。他们对奈哈松说：“我们已经掌握了炼金术，只是现在还缺少炼金的东西。”“快告诉我，还缺少什么东西？”“我们需要3公斤从香蕉叶上搜集的白色绒毛，这些绒毛必须是你自己种的香蕉树上的，等到你收集够绒毛后，我们就告诉你炼金的方法。”

奈哈松回家后立即将已荒废多年的田地种上了香蕉，为了尽快凑齐绒毛，他除了种自家以前已有的田地外，还开垦了大量的荒地。当香蕉成熟后，他小心地从每张香蕉叶下收集白绒毛，而他的妻子和儿女则抬着一串串香蕉到市场上去卖。

就这样，10年过去了，他终于收集够了3公斤的绒毛。

这天，他一脸兴奋地提着绒毛来到岳父母家里，向岳父母讨要炼金之术，岳父母让他打开院中的一间房门，他立即看到满屋的黄金，妻子和儿女都站在屋中。妻子告诉他，这些金子都是用他10年里所种的香蕉换来的。面对满屋实实在在的黄金，奈哈松恍然大悟。

从此，他努力劳作，终于成了一个大富翁。

现实生活中，人人都想发财，都想找到一条发财的捷径。其实，发财的捷径就在我们身边，那就是辛勤劳动。劳动是人类文明的开始，劳动是财富故事的源头，劳动创造财富。

·扶不起的懒汉·

从前有个穷人，家里穷得不得了，一个富人见他可怜，就起了善心，想帮他致富。

富人给他送了一头牛，叮嘱他好好喂养，等春天来了进行耕种，秋天就可以收获，远离那个“穷”字了。穷人一开始也是满怀希望，准备靠辛勤耕耘获得收获，可是没过几天，他就忍受不了了。本来，他自己的一日三餐就是个大问题，现在又加上一头牛，牛要吃草，所以他不得不每天给牛割草，累得气喘吁吁，越发感觉日子比过去更加难过。

穷人就想，不如把牛卖了，买几只羊，先杀一只吃，剩下的去放，放羊时只要把羊赶到草地里就行了，比养牛耕田轻松。另外，羊还可以生小羊，等小羊长大了拿去集市上卖，不一样可以赚更多的钱吗？于是穷人就将牛卖了，买了几只羊，吃了一只，剩下的去放。可是很快，他感到放羊仍旧不是一件轻松的事情，一块草地吃完了，就要找新的草地。另外，羊到处乱跑，放羊的时候还要追赶，每天仍是累得气喘吁吁。而且大羊生小羊，也不是说生就能生下的，不但需要时间，而且还需要精心照顾。由于一时没有收入，他就又杀了一只羊吃，不久再杀了一只羊。

到剩下最后一只羊的时候，穷人想：这样下去不得了，不如把羊卖了，买成鸡，养鸡不用到外面去找草地放，另外鸡生蛋也比大羊生小羊容易，这样一样可以赚钱。于是他就把最后一只羊卖了，买了一些鸡。

但穷人的日子并没有因此而改变，因为养鸡也有养鸡的难处，他又忍不住杀鸡，终于杀到只剩一只鸡时，穷人致富的想法彻底消失了。他想：致富是无望了，还不如把鸡卖了，打一壶酒，三杯下肚，万事不愁。

很快春天来了，好心的富人给穷人送种子来，发现穷人正吃着咸菜喝酒，牛早就没有了，房子里依然一贫如洗。富人问是怎么回事，穷人一五一十地将情况说了，富人什么话也没有说，转身就走了。

劳动创造财富，对这种不想付出辛劳，只想不劳而获的人，还有什么可说的呢？

5. 爸爸、妈妈的钱从哪里来

在钱叔叔家，皮皮听了钱叔叔讲的劳动创造财富后，他才明白，难怪爸爸、妈妈等大人们每天都要早出晚归，忙忙碌碌，原来他们都是出去劳动呀！

有好几次，皮皮闹着要爸爸买好吃的，还抱着爸爸的腿威胁爸爸，说如果不给他买，就不让爸爸出门。可爸爸却说，他等着上班去呢，如果不让他去上班，就没有钱给皮皮买好吃的。

当时皮皮不懂这些，难怪爸爸常说他这么大了还不懂事。现在皮皮懂了，爸爸、妈妈每天都出去上班工作，用劳动创造财富。如果不去劳动，就只能像那个扶不起的懒汉，天天受穷了。

想到这里，他想到了一次发生在学校的事情。当时班上有几个同学在上课时调皮捣蛋，不认真听讲，老师就问同学们："你们爸爸、妈妈的钱是从天上掉下来的吗？"

同学们都异口同声地说："不是。"然后大家笑得前仰后合。

老师又问："那你们爸爸、妈妈的钱是怎么来的呢？"

然后有的说不知道，有的说是上班挣的，还有的说是从银行取的。于是老师说："你们爸爸、妈妈的钱是上班挣来的，他们上班挣钱很辛苦，所以你们要好好学习！"

……

当时老师这么教训同学们时，皮皮并没有在意，只是觉得很有趣，他当时还和同学们一起哄笑。

然而今天他回想起这件事，才感到自己当时是多么傻啊。原来老师讲的和钱叔叔讲的是一样的，爸爸、妈妈的钱都是靠上班劳动辛苦挣的。

但是到底是怎么挣的呢？他还是不大明白。

皮皮一连想了好几天，都没想明白。

于是皮皮就又想到了去钱叔叔家，问钱叔叔这个问题。

他轻轻地敲门，门开了，钱叔叔探出半个身子，一看是皮皮，非常兴奋，让皮皮进来，皮皮也非常高兴。

当钱叔叔知道了皮皮的来意后，说：“这个问题涉及社会分工，我们每个人在社会上都有不同的分工，每个人通过自己的工作，获得自己相应的钱。”

“社会分工？通过分工挣钱？”皮皮一遇到新问题就会感到惊奇，显出一副急于知道的样子。

接着，钱叔叔就给皮皮讲起了关于**社会分工**的事情——

社会分工

我们已经知道，在人类社会的早期，也就是人刚刚由猿进化来的时候，人们主要是靠狩猎、捕鱼和采摘野果生存的。这时候，人与人之间的分工比较简单，因为几乎所有的人从事的都是同一种工作：生活在山林里的人，大家一块儿去打猎，顺便再采些野果；生活在水边的人，大家就一块儿去捕鱼。人们打的猎物多了，将那些一时吃不了的猎物养起来，进行驯化，比如猪、马、牛、羊等，不断地让它们繁殖，这样畜牧业就发展起来了。渐渐地，畜牧业成为人们的主要职业。

随着时间一天天地过去，人们发现，那些野果的果实落在地里，到第二年又会长出来，结出新的果实。于是，人们就开始主动收集那些野生植物的果实，自己种植，自己收获，这样时间久了，农业就发展起来了。

农业发展起来以后，就有一部分人专门从事农业，而不再从事畜牧业。专门从事农业的人和专门从事畜牧业的人分开，这是人类社会的**第一次大分工**。

由于人们在进行生产时需要大量的生产工具，比如种地要用牛拉的犁、挖地用的镢头、锄地用的锄头等；在生活中也需要大量的生活物品，比如吃饭用的碗、做饭用的锅、穿衣服用的布等。因此，就需要一部分人专门制作这些东西。这样一来，手工业就逐渐发展起来，成为一种专门的职业，一部分人专门从事手工业，这是人类社会的**第二次大分工**。

随着时间的一天天流逝，人们的生产经验越来越丰富，生产的产品越来越多，人们对生活的要求也越来越高，社会的分工也就越来越多。比如：

人们生产的东西需要卖出去，又需要买一些自己需要的东西，就有一部分人专门做了商人；

人们生病需要治疗，就有一部分人专门当了医生；

人们需要学习科学文化知识，就有一部分人专门当了老师；

人们需要娱乐，就有一部分人专门做了演员；

人们出远门需要住宿，就有一部人专门开旅馆；

社会上总有些人爱干坏事，就有一部分人专门当了警察；

……

在我们的生活中，有许许多多、各种各样的工作，每个人都从事一种自己擅长的工作，通过交换来获得相应的报酬，然后购买自己需要的各种生活用品。

皮皮听了，觉得钱叔叔讲得真好，怪不得世界上有各种各样的职业呢。

正是由于不同的人有不同的职业，通过为他人提供服务换钱，从而满足自己的各种需求，所以世界才会这样精彩，这样奇妙！

接下来，钱叔叔又为皮皮讲了关于社会分工的一些事——

多知道一点儿

由于人有各种各样的需求，自然也就有了各种各样的职业，而有些职业在我们的日常生活中并不常见，甚至非常奇怪，有的充满乐趣，有的充满危险，有的十分奇特。

·世界上最有趣的职业·

品水师：美国人马丁·瑞斯的职业是洛杉矶一家餐厅的品水师，他创立了美国第一份水单，让餐厅的销售额翻了5倍。马丁为大家提供20多种不同的矿泉水，产自世界上10个不同国家，价格从8到20美元不等。最贵的水来自加拿大一万五千多年的冰川，售价在 150 美元一瓶。

盯着油漆变干：英国人托马斯·科文在一家油漆公司从事一份工作，他每天的工作就是盯着油漆变干，一公升油漆大约有 1000 亿个粒子，比银河的星星还多，透过显微镜，油漆所有的细节会变得非常丰富，看起来如同外太空一般迷人。

观看小草生长：英国种子协会有一份工作，是种植草种样品，并且进行修剪，保证小草按照正常的速度生长。工作人员轮流上班，一刻也不停地观察着小草的生长。

拥抱师：美国有一些人从事着一种名叫拥抱师的职业，从孤单寂寞的顾客身上赚钱。拥抱师提供 15分钟到 5 小时不等的拥抱服务，每分钟收费 1 美元。为了防止客户越界，拥抱师一般会要求客户在律师拟定的“约法三章”文件上签字，服务过程中客户必须保持干净、有礼貌，而且整个过程都要穿着衣服。

“职业美人鱼”：汉娜·弗雷泽是澳大利亚悉尼水族馆里的“职业美人鱼”。汉娜从童年起就幻想着成为童话中的“美人鱼”。她长大后，成为一名专业模特，进而成为“职业美人鱼”。她能穿着美人鱼服饰在水下屏气畅游两分钟，她在水中优美的身姿让观众如痴如醉。

·世界上最危险的职业·

特技演员：“从天而降”“破门而入”“飞车冲撞”，这些都是特技演员的工作。特技演员在表演时，尽管采取了种种保护措施，但是仍然险象环生。据不完全统计，仅20世纪90年代，就有8518名特技演员在表演时受伤。

试飞员：这是一种对新飞机进行全面测试的职业。每一架新飞机制造完成后，试飞员都要驾驶新飞机进行超越设计能力的试飞，以此来确定飞机性能的极限，从而确保其他飞行员的安全。由于一些未知因素随时都有可能发生，所以危险总是与试飞员为伴。

捕蟹人：螃蟹是我们餐桌上的一道美味，但捕蟹却是一种被惊涛骇浪、极度深寒包围的职业。从上船一直到返回家中，捕蟹人时刻生活在危险里。在捕捞过程中，只要出现一点儿失误，就可能出现灾难性的后果。根据有关研究，渔民，特别是捕蟹的渔民，他们的工伤死亡率是普通工人的30~40倍。

·世界上最奇葩的职业·

蚊虫诱饵： 蚊子是很多传染病的传播者，为了对这些传染病进行研究，就必须对它们的传播者——蚊子的习性了如指掌。至于如何把蚊子弄到手，进行全方位的观察，就全靠研究人员甘当诱饵、勇于献身的大无畏精神了。尤其是那些可恶的巴西按蚊，只有研究人员充分暴露肉体作为饵料，它们才肯靠近。据说，巴西资深研究员海尔基·齐勒，每周两次用自己的腿为蚊子做晚餐。有一次，他3小时捕捉了500只蚊子，代价是蚊子在他腿上叮咬了3000多次。

宠物食物品尝者： 据说欧洲的一些宠物食品店，为了保证宠物食物的质量，专门让人来品尝宠物食物。英国人西蒙·艾莉森的工作就是在豪华的宠物店里品尝各种食物，记录宠物食品的质量。他常常将自己的脸埋在狗粮或者猫粮中，闻它们的气味是否新鲜。西蒙表示，他非常喜欢这份工作，但是不会把这些食物吞下肚子。

鲸鱼粪便研究员：为了研究鲸鱼的习性及生存状况，研究其排泄的粪便是一个重要途径。研究人员每天就像筛金矿一样，小心翼翼地收集鲸鱼的粪便，然后分辨、研究里面的东西。

6. 工作是怎样换钱的

听了钱叔叔的讲述，世界一下子在皮皮眼里变得五彩缤纷起来，既丰富又有趣。

哦，原来世界就是这么回事！难怪爸爸、妈妈那些大人们每天都要早出晚归，忙忙碌碌，他们原来都是要出去工作用工作换钱呀！他们换了钱，才能买各种东西，才能给孩子买各种玩具，买各种美味的零食。

过去皮皮不懂，现在皮皮懂了。

但是过了几天，一个新的问题又浮现在皮皮的脑海中。从钱叔叔的讲述中，皮皮知道了爸爸、妈妈们的钱是通过社会分工和交换获得的，也就是通过工作换来的。但是爸爸、妈妈们是怎样用工作交换到钱的呢?

原始人的交换很简单，就是直接用一种物品去换另一种物品,而爸爸、妈妈是怎么用工作交换钱的呢?皮皮的爸爸是位厨师，在一家饭店上班，皮皮曾跟爸爸一块儿去过那家饭店一次，他看见爸爸和好几个叔叔在一排火炉前抡着锅铲炒菜，但是皮皮并没有见过爸爸用做好的饭菜去和别人交换。皮皮的妈妈在一家服装厂上班，他也没有见过妈妈拿着衣服去和别人交换。这到底又是怎么回事呢?皮皮一连想了好几天，也没有想太明白。

当然,皮皮想不明白的问题,他还是去问钱叔叔。在皮皮眼里，只要是关于钱的问题，都难不倒钱叔叔。

皮皮轻轻地敲钱叔叔的家门。门开了，钱叔叔探出半个身子，一看是皮皮，就高兴地把他迎了进来。皮皮见到钱叔叔也非常高兴，他迫不及待地将自己的疑问告诉了钱叔叔。钱叔叔听完，不由得哈哈大笑："皮皮真是一个爱动脑筋的孩子。"他微笑着说，"这个还要从社会分工和交换说起。我们已经知道社会分工和交换了，我们也知道，在过去的社会，分工和交换非常简单，比如农民直接种了粮食拿到集市上去卖，卖了获得钱来买自己需要的东西，手工业者也是这样，直接出售自己制造的东西。但是随着人类社会的发展，尤其到了现代社会，社会分工变得非常复杂，绝大多数产品的生产和销售靠单个人难以完成，而是需要很多人的**分工和协作**。”

“分工和协作？”听钱叔叔讲到这里，皮皮禁不住睁大了眼睛。

“对，就是分工和协作。”钱叔叔接着说道，“你爸爸是干什么的？在哪里上班？”

“我爸爸是个厨师，在一家饭店上班。”皮皮很干脆地说。

“那好，我就以你爸爸为例，来讲讲你爸爸的钱是怎么来的，你爸爸又是怎么通过工作换钱的。”

“好啊，你赶快讲！”皮皮高兴地说。

接着，钱叔叔就绘声绘色地讲起来——

分工与协作

你爸爸在一家饭店工作。

饭店的主要功能就是给人们提供饭吃，也就是做饭，然后卖给需要吃饭的人。但是与在家里做饭不同，在饭店里，这个工作是不可能由一个人完成的，尤其是那些大饭店。这时候，就需要各种人员共同来完成。首先是厨师，就像你爸爸这样的人，由厨师进行做饭；接下来是服务员，厨师把饭做好了，由服务员给客人把饭端出去。此外，饭店还需要采购员，采购员负责采集做饭需要的各种材料，比如蔬菜、肉、调料、油、盐、酱、醋等。除了厨师、服务员和采购员，饭店还需要收银员，由收银员负责收钱。

有了这许多人的相互分工、协作和配合，饭店就能够正常营业了。

哇，来吃饭的人真多呀，每一张桌子都是爆满，外边还有排队的人，大家都吃得津津有味。厨房里不停地传出滋滋滋的炒菜声，服务员热情地招呼着客人，将香喷喷的饭端到客人面前，收银员忙不迭地收钱，点钞机在飞快地点钞，老板的脸上笑开了花。

饭店的生意真好，卖了不少钱呀。老板就将卖到的钱，一部分用于店面的租金，一部分用于采购的材料，一部分用于给国家交税，一部分用于给饭店的工作人员发工资，你爸爸的钱就是这么来的。然后剩余的钱，就是餐馆老板的利润了。

哦，原来爸爸的钱就是这样挣来的，皮皮终于明白了。

“哦，那我也知道妈妈的钱是怎么来的了。我妈妈在服装厂，是服装厂卖了衣服有了钱，然后给妈妈发工资。”

“对，皮皮真聪明！”钱叔叔又说，“像饭店、服装厂这样的地方，在经济学上有一个专门的名字，叫作**企业**。”

“企业？”皮皮一遇到新问题，就会感到惊奇，显出一副急于知道的样子。他似乎听过这个名词，但是又似懂非懂。

于是皮皮又认真地听钱叔叔讲起来——

企业

刚才我们讲了分工和协作。因为生产制造一种产品，单靠个人难以完成，就需要很多人的分工和协作。而进行分工和协作，需要将不同的人组织起来，这样就有了企业。

在现代社会，企业就是以营利为目的进行生产活动的组织。我们生产和生活中所需要的绝大多数物品，都是企业生产出来的。现实生活中人们需要什么物品，企业就根据人们的需求生产什么物品。为了生产人们需要的物品，企业要整合各种资源，比如要建厂房，要进行产品开发，要采购原材料，要招聘各种人才。

创办企业，要有一定的前期投资，比如建厂房、进行产品开发、采购原材料、招募人员等。企业生产出产品后拿到市场上去销售，产品销售后，销售的钱除冲抵前期的投资，还要用于再生产，然后销售，再生产，再销售，不断循环。如果产品的需求量大，市场前景好，企业往往还进一步扩大再生产。

创办企业的人称为企业家，人们常常把他们叫作老板、董事长、厂长、总经理等。

在现实生活中，有各种各样的企业。

有的企业是专门生产汽车的；

有的是专门生产轮船的；

有的是专门生产火车的；

有的是专门挖煤的；

有的是专门炼钢生产钢铁的；

有的是专门盖房子的；

有的是专门生产服装的；

有的是专门生产食品的；

有的是专门生产药品的；

有的是专门制作影视的；

有的是专门制造玩具的；

……

就是这些各种各样的企业，生产人们生产和生活需要的各种物品。我们很多人，就是通过企业这个平台进行工作，换取相应的报酬，然后购买自己需要的各种物品。

“哦，原来是这样！”皮皮兴奋地说。原来他怎么也想不明白的疑问，现在听了钱叔叔的讲述，一下子就明白了。

接下来，钱叔叔又更加深入地讲了关于企业方面的一些事——

多知道一点儿

·创办企业需要的资源·

通常，创办企业需要4种资源，即自然资源、资本资源、人力资源和企业家的才能。企业的主要任务就是将这些资源进行收集、整合，然后生产制造出适合人们生产和生活需要的新产品。

自然资源：包括我们能从自然界得到的所有东西，比如石油、煤炭、矿石、动物、植物等，甚至阳光、水和空气。有些自然资源我们能轻易得到，而且免费，比如阳光、空气。而有些自然资源则要付出很大的努力才能得到，比如石油、煤炭等，需要专门的设备、技术和人力才能从地下开采出来。

资本资源：创办企业我们需要厂房、机器、工具、计算机等设备，这些都需要花钱来建造、购买或维修。

需要的钱就是资本资源。

人力资源：产品的设计、制造、销售及售后服务，生产流程的组织和管理，都需要不同的人来具体操作，每一个环节和流程缺少了人的操作，企业都无法运转，产品也不能拿到市场上销售。企业的发展也需要专门的人才来组织和管理。

企业家的才能：企业家是企业的核心和灵魂，没有企业家，也就不会有企业。企业家运用自己卓越的组织能力、管理能力和创新能力，按照自己的独特创意，将分散的各种资源进行整合，生产制造出新的产品或服务，并投放到市场。企业家往往是发明家，通常会发明新产品、新技术，甚至是新的生产模式。企业家也往往是战略家，对企业的长远发展进行战略规划。由于企业家在企业中起着如此重要和特殊的作用，企业获得的报酬也往往更高，但是企业一旦经营不善，造成亏损，企业家也要承担更大的风险。

·企业的分类·

企业按照组织形式的不同，可以分为独资企业、合伙制企业和公司制企业。

独资企业：由个人出资经营，由个人管理，全部经营收益归个人，经营风险也由个人承担。独资企业的经营比较灵活，企业主完全根据个人的意志确定经营策略，并进行管理。

合伙制企业：由两个或两个以上的合伙人共同出资创办，资产由合伙人共同所有，合伙人通过书面或口头协议的形式，确定合伙人之间的权利与义务，比如利润和亏损如何分配、各合伙人的职责、老合伙人退出和新合伙人进入的方式、企业关闭后如何分配资产等。合伙制企业一般规模较小，能够随市场状况的变化进行适当、灵活、快速的调整，但也正是由于规模较小，所以资金来源也较少，难以发展壮大，尤其是当合伙人之间发生重大分歧、合伙人退出、合伙人得重病或遭遇意外变故等情况时，合伙企业也就往往终止了。

公司制企业：也叫股份制企业，由法定人数以上的投资者（或股东）出资建立，具有独立的法人资格，自主经营、自负盈亏。我国目前的公司制企业有有限责任公司和股份有限公司两种形式。有限责任公司的股东出资不得超过50人，而股份有限公司股东人数没有上限，其全部资本分为等额股份，股权可以自由转让，能够公开募集资金，可以根据市场的需要扩大规模。公司制企业是现代社会的一项伟大发明，由于能够最大限度地募集资金，调动社会上的各种资源，因而大大促进了社会生产的发展。

·创办一个企业·

创办一个企业是一项伟大的事情，但也是一项艰难的事情。没有卓越的智慧、足够的人力物力以及顽强的精神，是难以成功创办一个企业、成为一个企业家的。创办一个企业，你必须经历下面诸多的环节和步骤。

组织和发展规划：创办一个企业，并不是你心血来潮，心里有了一个想法，然后就开始行动去做就可以了。你必须制订一个详细、切实可行的组织和发展规划，要生产什么，怎么去生产，怎么去进行市场销售，怎么去融资，需要哪些资源，需要哪方面的人员，和同行如何竞争，遇到问题如何解决，凡此种种，都要加以考虑。

产品开发和市场调研：生产和销售什么产品，是创办企业的核心。生产别人发明的产品，你要购买专利。如果你直接模仿制造，你可能构成侵权。如果你发明出了新产品，首先，需要申请专利，这样其他人就不能仿造你的产品了。其次，你还要花时间做市场研究，搞清楚人们是否需要和喜欢你的产品。如果你的产品没有需求或者和人们的需求还有差距，就要决定是进一步改进还是重新研发。

募集资金：没有足够的资金，企业就不能正常运转。很多新企业都在争取足够的现金流，这样在企业开始销售产品获得利润之前就有足够多的钱来支付成本支出。如果光有非常好的创意，可是没有钱，你该怎么办？那就列出所有你认为需要的东西，并向亲朋好友、银行求助，最后还可以向专业的投资人筹集资金。

生产制造：钱筹到了，但你别高兴得太早，足够的资金也并不能保障你的成功。你首先要生产样品，样品是把你的好创意变成实实在在产品的第一步尝试。只有把样品做出来，你才能知道自己的创意到底怎么样，然后才能够在此基础上进一步完善。如果没有什么问题，你依然别高兴得太早，你此时最好小规模地生产产品，投放市场，接受市场的检验。如果反响良好，那么你就可以考虑大规模地进行生产了。

营销和广告：在进行大规模销售之前，你必须让你的目标消费者知道并了解你的产品。而让产品走进消费者的心中，让他们来购买，你就要进行有效的营销推广。最常用和最有效的方法是在报纸、杂志、广告牌、电视、广播、网络等媒体上做广告，当然做广告你得付出不菲的广告费。另外，你还可以通过提供免费试用产品，让消费者亲身体验，来了解产品的质量和性能，并提出改进意见和建议。

销售：如果营销很成功，那么接下来我们就可以大规模地销售了，我们前期的努力和付出也终于有了回报。销售收入中高于成本的部分就是利润，在你自己拿回应得的那份利润时，别忘了向投资人支付股息，向你的员工发一些奖金，并保留一部分利润用于将来的扩大再生产。否则你的投资人和员工将很难再支持你，与你合作。

售后服务：销售出去的产品，并不是与你就没有关系了，你还得为它们的质量负责。如果出现任何质量问题，你都要帮助消费者解决。只有这样，你才能赢得更好的口碑，让大家继续购买你的产品。也只有这样，你的企业才能走得更远，你才能获得成功，成为一个真正的企业家。

·世界著名企业家·

爱迪生创立通用电气公司

在84年的岁月中，爱迪生遭受了比常人更多、更大的磨难。上小学时，爱迪生因“太笨了，接受不了老师讲授的内容”不得不退学。少年时，被陌生人重重地扇了一耳光，致使耳膜破裂，此后一直处于半聋状态。打工期间，他被公司开除过好几次，他的许多专利也不能得到市场认可。37岁那年，妻子去世，爱迪生一人带着3个年龄分别为13岁、8岁和6岁的孩子生活。而一场大火毁掉了他绝大多数的发明装置。就是这个屡遭背运的爱迪生，缔造了伟大的通用电气公司，鼎盛时期的他，更是掌控着13家大公司。

松下幸之助创立松下电器集团

松下幸之助4岁的时候，10口之家因父亲做稻米期货生意破产而陷入赤贫。由于食物不够，5岁的时候，他失去了一位手足，6岁的时候又失去两位，并且在9岁时被迫离开母亲……在1917年开始创业时，他全身上下只有100日元，外加不到4年的正规教育。到了1927年，创业10年有余，事业已经大有所成的他，满心以为不怕任何打击，却经历了独子夭折的噩梦。这个背负着一部家庭辛酸史的男人，一手创办了全球知名的松下电器，人们都称他为“经营之神”。

李嘉诚创立长江塑胶集团

1937年7月，9岁的李嘉诚被迫辍学，和家人来到香港谋生。不久父亲病逝，他不得不到一家钟表店当店员学习钟表修理技术。22岁那年，他用平时省吃俭用积蓄的7000美元创办长江塑胶厂。长江取意于“长江不择细流，故能浩荡万里”。办厂初期，曾经出过质量事故，他在表妹庄月明的鼓励下渡过了难关。1957年，他从一本英文版《塑胶》杂志上看到，意大利一家公司利用塑胶原料制造塑胶花，正全面倾销欧美市场。这则消息使他意识到塑胶花也会在香港流行。于是他毅然到意大利考察，回港后率先推出塑胶花，随即成为热销产品。后来，他又积极开拓世界市场，并一步步成为“塑胶花大王”。

马云创办阿里巴巴集团

18岁的马云迎来了生命中的第一次高考，他毫不犹豫地在报考志愿表上写下北京大学。然而雄心万丈的他，高考的数学成绩只得了1分。为了生计，他去应聘酒店服务生，被婉言拒绝，无奈只好去当搬运工，蹬板车。大学毕业后，一次讨债经历让他疯狂地迷恋上了互联网，创业初期，他背着包四处奔走，经常被人骂作疯子、骗子。他曾连续4次创业失败，最为窘迫的时候银行卡里只有200元。如今，谁不知道阿里巴巴，谁不知道马云呢？

柳传志创立联想集团

20万元、11个人、一间破传达室，当年的柳传志根本不知道为何要成立公司，随大流下海创业。为了发工资，他带领所有员工拉过板车、摆过地摊，卖过的商品琳琅满目，包括运动服、电子表、旱冰鞋、电冰箱。被认定投机倒把罚款100万元，被认定走私罚款300万元，40多岁的他仍旧还没有找到人生的方向。而如今的联想已经成为民族计算机产业的象征。柳传志说：我当时打死都不会想到我和我的同事能把公司办成今天这个样子。

·世界500强企业·

美国《财富》杂志每年根据全球企业的盈利状况，评出前500名张榜公布。这是世界公认的衡量全球大型公司最著名、最权威的榜单。

第一份《财富》500强排行榜诞生于1955年，当时上榜的仅限于美国公司。自诞生之初起，《财富》杂志就决定将收入作为企业排名的主要依据，因为收入是衡量增长和成功最可靠、最有力，也最有意义的指标。

1957 年，美国之外的大公司首次拥有了专门的排行榜。1976 年，第一份国际 500 强排行榜出炉，但仅包括美国之外的公司。直到 1995 年，第一份包含了美国和其他各国企业在内的综合榜单才正式问世：这也是第一份真正意义上的世界 500 强排行榜。这份榜单后来常被作为基准，用来对企业、行业或国家之间历年的表现进行比较。

2015 年中国上榜公司 106 家，2016 年为 110 家，2017 年为 115 家，2018 年为 120 家，2019 年达到了 119 家。沃尔玛连续六年排名第一。

7. 小明家的钱为什么那么多

皮皮和小明在学校是好朋友，他们两个有着共同的爱好，皮皮爱看漫画，小明也是，而且他们最爱看的漫画都是《哆啦A梦》。在学习方面，小明的数学很好，皮皮的语文很好，他们两个在做作业的时候常常相互帮助。

有一次，小明邀皮皮到他家去做客。皮皮非常兴奋，回家将这件事情告诉了爸爸和妈妈，爸爸说好啊，你去吧。但是妈妈却反对，说小孩子家到人家家里去不好。皮皮说，我们是好朋友啊。其实妈妈不想让皮皮去，除了害怕皮皮去人家家里不听话，更重要的是，妈妈听说小明家很有钱，小明爸爸是一个工程师，年薪上百万呢。妈妈不想让皮皮去，是担心皮皮去了人家家里后，觉得人家家里那么有钱，回来后会不会自卑呢？

但最后皮皮还是去了，那天去之前，小明妈妈和皮皮妈妈早早就说好了，说放学后，皮皮就不用人来接了，小明爸爸直接开车将皮皮和小明接走。

第二天，虽然已经隔了一天，下午放学后皮皮见到爸爸，仍然是非常兴奋，迫不及待地将去小明家的感受说给爸爸听。

皮皮说，小明家的房子很大，摆设很豪华，小明有好多好多的玩具，小明的爸爸、妈妈很热情，带他们去饭店吃了一顿丰盛的大餐，他们那天晚上玩得特别开心。

一连好几天，皮皮都沉浸在这种兴奋之中。有时他想，要是他家也像小明家那样有钱，该多好啊！如果他家的钱也像小明家那样多，他就可以买自己想要的东西了，爸爸就再也不会因没有钱而反对了。但是，小明家的钱为什么那么多呢？皮皮想到这里，就去问爸爸。爸爸说：“因为皮皮的爸爸是工程师。”

“可是为什么工程师就能挣很多钱呢？”皮皮又

问爸爸。

“这个——”爸爸想了想说，“因为工程师干的是很高级的工作。”

“工程师干的是什么高级工作呢？”皮皮又问。

“这个我也说不清楚。反正你现在好好读书……”

“好了，好了，我知道啦！”皮皮不耐烦地打断了爸爸的话，因为爸爸如果回答不了他的问题，就总是转移话题，而且最后总是说，“如果你现在好好读书，你将来就能挣好多好多钱”。爸爸这样的话，皮皮听得耳朵都起茧子了。

没有办法，还是去问钱叔叔吧。

好不容易等到了周末，皮皮早早做完了作业，去敲钱叔叔家的门。

门很快就开了，钱叔叔一看是皮皮，非常高兴，他一边将皮皮让进门里，一边笑呵呵地说：“皮皮是不是又有新问题啦？”

皮皮迫不及待地将自己的困惑告诉了钱叔叔。钱叔叔略微沉思了一下，说：“这个问题稍微有点儿复杂，涉及**自由市场**。”

“哦——”皮皮有点儿疑惑。

“问题是有点儿复杂，但你也不要害怕，什么都难不倒爱动脑筋的皮皮的。”钱叔叔说着摸了一下皮皮的头，皮皮有点儿羞涩地笑了。

“我们还是先说说自由市场吧。”钱叔叔说。

然后，钱叔叔就开始讲起来——

自由市场

关于自由市场，其实我们前面已经讲到了。

还记得我们在前面讲钱的来历时讲到的交换吗？人们为了得到自己所需要的物品，就要与他人进行交换，这样很多人之间进行交换，就形成了自由市场。

如果我们到集市上去，就能看到一派热闹非凡的交换场面。各种摊位林立，那些摊位的主人在不停地高声吆喝和叫卖，买东西的和卖东西的在热烈地讨价还价。在集市上，人们将自己生产的物品卖给需要的人，同时也买到自己需要的物品。

集市其实只是自由市场的一种形式，而且是一种很古老的形式。现在除乡村还能够看到外，大城市已经看不到了。在城市，我们一出门就能看到各种商店、超市和商场。在这里，人们能更加便捷地买到自己需要的各种物品。而近几年，随着网络的普及和发达，很多交易又在网上进行了。这样人们就可以足不出户，买到自己需要的各种物品。

自由市场由两方面的因素构成：一方面是卖方，经济学上叫作**供给方**；另一方面是买方，经济学上叫作**需求方**。也就是供、需双方共同构成了自由市场。

其实,并不是说有了买卖双方,就能形成自由市场。在市场上，买卖双方在进行交易时必须是自愿的，才能算是自由市场。买方看上了卖方的货物，而卖方也愿意将自己的货物卖给卖方，而且钱数的多少也是双方商量好的。买卖双方商量好的最后成交的钱数，经济学上叫作货物的**价格**。

我们人类社会，其实就是一个巨大的自由市场。在自由市场中，人们可以进行形形色色的交换，以满足自己的各种需求。人们为了交换的方便，在偌大的自由市场内部，由于行业和专业的不同，又形成了很多相对独立的行业和专业市场。如**日用品市场、服装市场、金融市场、劳动力市场、技术市场、信息市场、房地产市场、文化市场、旅游市场**等。这各种各样的市场既相互独立，又彼此联系。

“钱叔叔，可是这和小明的爸爸为什么能挣那么多钱有什么关系呢？”皮皮听得有点儿耐不住了，钱叔叔讲的这些，他也能听懂，但他想知道的不是这些，而是小明的爸爸到底为什么能挣那么多的钱。

听了皮皮的话，钱叔叔笑了，说：“呵呵，不要着急，我刚开始不是说了嘛，要弄清你的问题，先要知道自由市场嘛。”

“可是，我已经知道自由市场了！”皮皮自信地说。

“呵呵，那你给叔叔说一说什么叫自由市场？”钱叔叔乐呵呵地看着皮皮。

“就是自由交换，自愿交换啊。”

“哦，皮皮说得很对！”钱叔叔顿了顿，又说，“可是关于自由市场的问题，我只讲了一部分，还有另一部分呢，等讲了另一部分内容后，你的问题也就弄清楚了。”

“那你赶快讲呀，钱叔叔。”

“好啊，我讲，看皮皮都急成什么样子了。我先问你一个问题。”

“好啊！”皮皮有点儿期待。

“在自由市场中，人们在进行交易的时候，一件物品价格的高低是由什么决定的呢？”钱叔叔问。

皮皮挠了挠头，想了一会儿，说：“是买卖双方讨价还价商量定的呗，这个刚才你都讲过了。”

“物品的价格是买卖双方商量的结果，但是为什么有的物品双方商量的价格高，而有的就低呢？”

“这个——”皮皮又挠了挠头，一时说不出来。

钱叔叔笑了一下，喝了口水，开始讲起皮皮回答不了的这个问题来——

物以稀为贵

在自由市场中，人们在进行交易的时候，一种物品的价格，往往取决于它的**稀缺性**，也就是人们常说的“物以稀为贵”。什么物品稀缺，什么物品的价格就高。

在现实生活中，我们也能感受到这种现象。有不少东西，在刚刚出现的时候，由于数量少，所以价格就贵。比如手机，在几十年前刚出现的时候，一部手机的价格要好几万块钱呢。那时手机的功能还很少，仅仅只能打电话，而且样子也很笨重。但是现在，一部功能丰富的智能手机几百元就可以买到。与此相反的是，现在房子却越来越贵，因为盖房子需要土地，而土地的数量越来越少，所以房子就越来越贵。

其实世界上有许多昂贵的东西，都是因为稀缺造成的。比如黄金，这是一种很昂贵的金属，就是因为它的数量很少。还有钻石，它的价格比黄金更高，因为它的数量比黄金更少。但是对于人来说，昂贵的东西并不一定是不可或缺的，也不一定是非常重要的。就像黄金和钻石，没有它们，人也照样能够生活。而对于人的生命一刻也不能缺少的水、阳光和空气，却并不值钱，尤其是阳光和空气，并不需要付费。因为它们并不稀缺。但是随着地球上水资源越来越少，节约用水的呼声就越来越高，人们为水就要付出更高的价格了。

“但是，这和小明的爸爸挣钱多又有什么关系呢？”皮皮听了半天，见还是没有和他的问题扯上关系，就忍不住打断了钱叔叔的话。

“哈哈哈！”钱叔叔笑了，“其实，现在已经讲到你的问题了。但是在我正式向你讲之前，我先问你一个问题。”

“好啊，你问吧，钱叔叔。”

“你现在知道，在自由市场上，物品的价格是由什么决定的呢？”

“你已经讲了嘛，是由物品的稀缺性决定的。一种物品，数量多了就便宜，少了价格就贵。”皮皮回答得很流利。

钱叔叔说：“刚才我们讲的，在自由市场上人们交换的都是物品，其实在自由市场上，我们人的劳动力也是能够用来交换的。”

“人的劳动力也能交换？”皮皮的眼睛有点儿发

亮，又有点儿疑惑。

“对，人的劳动力不但能交换，而且它的价格也是由稀缺性决定的。下面我就要讲到你的问题啦。”

接着，钱叔叔就开始讲起来——

劳动力市场

在自由市场中，人的劳动力也是能够交换的。在生活中我们会经常听说个人求职、单位招聘的事，这就是劳动力的交换。从个人的角度来说，就是求职；从用人单位的角度来说，就是招聘。求职者和用人单位之间，就形成了劳动力市场。

其他市场交换的基本都是实际的物品，但是劳动力市场不同，交换的不是实际的物品，而是人的劳动力，也就是人的知识、才能、技术、智慧、体力和劳动等。

在劳动力市场中，不同的人具备的知识、才能、技术、智慧、体力和劳动等是不同的，有的人学历高，知识渊博，才华出众，他们往往就能找到高层管理工作，获得很高的薪水；有的人拥有一技之长，精通一门专业技术，薪水也非常丰厚；有的人很有艺术才华，是著名的画家、书法家，或著名的演员等，他们的收入往往更高；有的人没有读过书，没有知识，没有文化，只能从事普通的工作，又辛苦，薪水又低……

为什么会有这样巨大的差别呢？因为在劳动力市场中，才华出众，拥有很高的才能的人很少，所以有知识、有才能的人在求职时就能获得较高的薪水。而知识层次低，没有较高的专业技能，仅能够从事普通工作的人，在劳动力市场中的人数很多，所以他们的薪水就比较低。

“哦，我知道了——”皮皮恍然大悟，说，“那就是因为小明的爸爸是一个有知识的高级技术人才，这样的人才很少，也就是很稀缺，所以他在劳动力市场中的身价就高，因而他获得的薪水就很高。是这样吧，钱叔叔？”

说完，皮皮的大眼睛一闪一闪地看着钱叔叔。

“对呀，皮皮说得很对！”钱叔叔高兴地说，摸了一下皮皮的头。如果皮皮回答对了钱叔叔的问题，钱叔叔总是会这样。这也是皮皮最为高兴的时候。

但是这次皮皮的情绪反而有点儿低落，因为他想起了爸爸。爸爸是一个没有多少文化知识和才能的人，所以工资就比较低。他现在才懂得了爸爸经常给他说的那句话是对的：只有从小好好学习，长大后才能多挣钱！以前，虽然爸爸将这句话给他讲得很多，他的耳朵都起茧子了，但是因为爸爸没有给他讲清楚其中的道理，所以他不仅不明白，而且一听就烦。

于是皮皮暗下决心，他今后一定要努力读书，将来也像小明的爸爸那样，当个工程师，挣好多好多的钱，给家里买大大的房子，天天带爸爸和妈妈去吃丰盛的大餐……

接下来，钱叔叔又给皮皮讲了一下各种职业的收入情况——

多知道一点儿

·中国收入最高的十种职业·

1. 房地产销售。销售本来就是一份非常考验人的工作，房产销售更是一个很大的挑战，因为交易都是百万以上的东西。在房地产市场异常火爆的情况下，巨额的销售，当然会带来丰厚的回报。

2. 投资经理。只有很少一部分人能够胜任这份职业，优秀的投资往往能最小化投入，最大化产出。年薪几十万是比较少的，往往一个较大的投资都能收入上百万。

3. 理财销售。如今的理财产品相比前几年丰富很多，很多人都不愿意将钱放在那里发霉。此时，理财销售的存在就有很大的意义，因此也是一个市场需求高，且报酬很高的工作。但这份职业门槛高，必须具备专业知识。

4. 网络工程师。网络的兴起使得各大网络公司都在不断地招募优秀的 IT 人才，所以网络工程师是当下最热门的工作之一，薪水也相当可观。但是工作强度大，需要加班熬夜。

5. 人力资源总监。对于一个公司来说，一个好的人力资源总监是企业发展的根本。因此，企业在薪水方面也是非常大方的。

6. 咨询业项目经理。一个好的项目经理要结合管理能力和专业技能于一身，因此，项目经理的薪水也是非常不错的。

7. 建筑设计师。一种越老越吃香的工作。房地产有多热门，建筑设计就有多热门。而且如今各大城市都在高速发展，因此，社会需求量很大。

8. 网络传媒。网络技术的飞速发展以及自媒体的崛起，促使了网络编辑、网页设计、网络内容策划等网络传媒职位的需求增加，而且相对于传统媒体来说，薪水也相当可观。

9. 网游设计师。中国网络游戏用户总数将达到近亿人，网络游戏的市场规模将超过近百亿元，即将成为全球最大的网络游戏软件市场。巨大的市场需求，也抬高了网络游戏从业人员的身价，尤其是游戏的主创设计人员。

10. 医生。在世界范围内，医生都是高收入的职业，我国也不例外。尤其是 21 世纪以来，随着人们生活水平的提高，人们对身体健康的要求越来越高，因此医生的身价也不断随之提高。

·美国收入最高的十种职业·

1. 外科医生。外科医生的年中位收入为240440美元。外科医生是美国所有医生职业分类中收入最高的。在美国，要想成为外科医生，首先需要本科毕业，接着获得医学博士学位，并拥有至少5年的手术实践经验，然后才能成为外科医生。

2. 产科医生。产科医生的年中位收入为224750美元。产科医生是真正的天使，她们为世界带来新的生命，因此也获得丰厚的回报。

3. 内科医生。内科医生的年中位收入为190530美元。人吃五谷，生百病，世界上恐怕找不出一个从来不生病的人，内科医生的需求量巨大，而成为一个合格的内科医生又非常不易，所以内科医生能获得丰厚的薪水也就不难理解。

4. 精神病医生。精神病医生的年中位收入为182700美元。在美国，精神病并不是指真正的精神病，要送到精神病院去治疗。人们在特定时期的精神状况不好，也被视为精神疾病，需要精神病医生的干预和疏导。因此美国的很多精神病医生相当于我们的心理医生。

5. 市场行销经理。市场行销经理的年中位收入为137400美元。企业的市场行销经理比销售经理处理的事务范围更要宽广，也比销售经理更多地协调各方面工作，从企业市场战略到人才培训，从产品开发创意到市场反馈不一而足。

6. 信息技术经理。信息技术经理的年中位收入为136280美元。信息技术的快速发展，使得这一领域的管理人才成为香饽饽。这种人才需要有计算机的教育背景，同时还要有管理知识，可谓复合型人才。

7. 律师。律师的年中位收入为133470美元。美国的法律多如牛毛，律师职业自然也应运而生。在美国要想成为律师，除了4年本科教育外，还要获得法学博士学位，并通过律师资格考试。

8. 财务经理。财务经理的年中位收入为130230美元。在企业中，财务经理要对企业设定盈利目标，对企业运营的财务流动进行监测，并实施严格的财务报表，应对政府的税收检查，因此地位突出。

9. 销售经理。销售经理的年中位收入为126040美元。对于企业而言，销售经理占据很重要的位置，任何一个企业的产品都要通过市场营销来完成生产的目的，而销售经理则是重任在肩。

10. 企业运营经理。企业营运经理的年中位收入为117200美元。一个企业的发展，企业经理扮演着关键的角色。企业经理要开拓产品市场、雇用人才、进行合同谈判、对企业经营也要做出战略决策，并在企业中形成有效的管理团队。这种举足轻重的位置，薪水低了就是在对不起他们。

·最低工资标准·

在劳动力市场中，普通的劳动者在和企业雇主的交易中，往往会处于弱势地位，因此企业雇主往往会压低工资，使普通劳动者的收入难以维持正常的生活。为了保障普通劳动者的权益，很多国家通过立法制定了最低工资标准，规定劳动者只要在法定工作时间或在依法签订的劳动合同约定的工作时间内，提供了正常劳动，企业雇主就必须为劳动者支付法律规定的最低劳动报酬。最低工资标准一般采取月最低工资标准和小时最低工资标准两种形式。最低工资标准一般不包括加班费、特殊工作环境条件下的津贴和法定福利待遇。

制定最低工资标准一般要考虑的因素有当地城镇居民生活费用支出、职工个人缴纳社会保险费、住房公积金、职工平均工资、失业率、经济发展水平等。

最低工资制度最早产生于19世纪末的新西兰、澳大利亚，其后，英国、法国、美国等资本主义国家也结合本国实际，建立了各自的最低工资制度。最低工资的产生是由于在工人的斗争下，政府不得不采用法律性措施，规定工人的工资不得低于某一限度，以改变工人的工资水平。随着20世纪工人运动的高涨和社会经济的发展，资本主义国家很快普遍实行了最低工资制度。

第二次世界大战以后，不少发展中国家也实行了最低工资制度。他们考虑到：第一，低工资不可能成就高效率工人；第二，工人实际收入低，购买力也低，势必妨碍市场的扩大和经济的发展；第三，工人的收入如果过低，难以维持生计，就会影响到社会的稳定。因此，有必要实行最低工资制度，以避免或减少以上问题的发生。

到目前为止，世界所有发达国家、绝大部分发展中国家都实行了最低工资制度。

我国法律规定，凡是以工资为主要生活来源的劳动者都应实行最低工资制度。2020年，上海、北京、广东、天津、江苏、浙江的月最低工资标准超过了2000元。其中，上海月最低工资标准达到2480元，为全国最高。在小时最低工资标准方面，北京、上海、天津、广东的小时最低工资标准超过20元大关，其中小时最低工资标准最高的是北京，为24元。

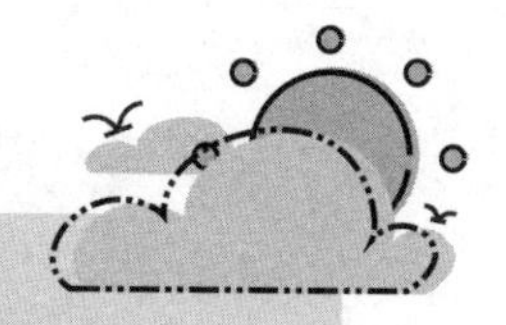

8. 为什么同样的工作薪水却不一样

“皮皮——皮皮——”

这一天，妈妈下班回来后，人还没有进家门，叫皮皮的声音就飘进家里，而且非常兴奋，非常亲切。皮皮赶忙去开了门，看到妈妈一脸的笑容，手里还提着一袋水果，里面有皮皮爱吃的桃子和葡萄。

皮皮一边急不可待地洗桃子吃，一边问：“妈妈，你今天是不是发工资了？”

“是呀，不但发工资了，而且比往常都多。”妈妈高兴地说。

“太好了，太好了！”皮皮也高兴地跳了起来。

这时爸爸也下班回来了，他们两个人一边做饭，一边聊天。因为妈妈今天高兴，所以两个人聊天的气氛也非常愉快和温馨。妈妈给爸爸说了她这个月的工资情况，她这个月干得最多，所以工资在他们这个车间是最高的，而有些人的工资大概是她的一半。

听到这里，皮皮有点儿疑惑了，就跑进厨房问："为什么干同样的工作，工资却不一样呢？"

"去去去，小孩子家管那么多事干吗？"妈妈嗔怒地说。

"赶紧做作业去，现在只有好好学习，将来才能挣很多钱！"爸爸说。

爸爸和妈妈的话，一下子让皮皮兴奋的心变得凉凉的。每次皮皮问他们问题，他们都是这样，不是指责皮皮多管闲事，就是告诫皮皮，只有现在好好学习，将来才能多挣钱。

皮皮觉得无趣，便悄悄地出了家门，去找钱叔叔。他一边出门还一边想，你们嫌我烦，但钱叔叔不嫌呢，钱叔叔不但知识渊博，什么问题都能回答，而且对小孩子还很有耐心。他轻轻地敲了敲钱叔叔的家门，很快钱叔叔就开了门，一看是皮皮，连忙将皮皮迎进去，一边摸着皮皮的头，一边问这问那。

回答完钱叔叔的问话，皮皮向钱叔叔讲了自己的问题。钱叔叔说：“皮皮问的这个问题，可是一个非常重要的问题呢！真想不到，皮皮每次问的问题，都是重要的大问题。”

听到钱叔叔在夸自己，说自己问的问题是重要的大问题，皮皮可高兴了，迫不及待地说：“那你赶快给我讲讲吧。”

“这个问题，其实就是经济学上的效率问题。”钱叔叔说。

“效率？”皮皮惊讶地说。他似乎听过这个词，但又似乎不太懂。

“你知道？”钱叔叔问。

“我好像听过。”皮皮使劲想了想，他好像是在数学课上学过这个问题，但现在却是一点儿印象都没有了。

“呵呵，你肯定听过，只是你当时没有留意。”说着，钱叔叔就开始讲起来——

效率决定收入

效率，就是单位时间内完成的工作量，可以用一个公式来表示：

效率 = 有用结果 / 投入量

“效率对于你来说并不陌生，因为你们数学上学除法时，就学过这个问题。你肯定做过这样的题吧：”

“工人张叔叔每天 8 小时生产 160 个机器零件，他每小时生产多少个机器零件？”

“用 160 除以 8，工人张叔叔每小时生产 20 个机器零件。”皮皮一下脱口而出。

“对，张叔叔一小时生产的机器零件就是张叔叔的生产效率。”钱叔叔接着又说，“我们再看另一道题：工人王叔叔每天 8 小时生产 120 个机器零件，问他每小时生产多少个机器零件？”

“15 个。”皮皮说。

“对，王叔叔一小时生产的机器零件就是王叔叔的生产效率。”钱叔叔说完，顿了顿，问：“那么谁的效率高呢？”

“当然是张叔叔效率高呀。”皮皮高兴地说，他觉得钱叔叔问的问题太简单了。

“如果工人叔叔每生产一个机器零件，工厂给他付 1 元的薪水，那么张叔叔和王叔叔谁赚的钱多？”钱叔叔又问。

“当然是张叔叔赚的钱多了，张叔叔每天赚 160 元，王叔叔每天赚 120 元。”皮皮说。

“对！”钱叔叔接着说，“张叔叔和王叔叔两个人一个赚的钱多，一个赚的钱少，就是因为他们生产的效率一个高，一个低。”

“哦，原来是这样。”皮皮恍然大悟，点了点头。

钱叔叔看皮皮很快就明白了这个问题，也非常高兴，他摸了一下皮皮的头，又说：“其实，穷人为什么赚的钱很少，而富人赚的钱很多，就是因为他们赚钱的效率不同，穷人赚钱的效率低，每月的工资只有几千元，有的甚至是 1000 元以下；而富人赚钱的效率则要高很多，有的人月收入是几万、几十万，甚至几百万。有人说，如果地上有 1 万美元，但是世界首富比尔·盖茨看见了也不会去捡，因为他用捡这 1 万美元的时间安排，可以赚比 1 万美元更多的钱。时间对于每一个人来说都是公平的，每一个人的一天都是 24 小时，但是不同的人每天赚的钱却是大不一样，这就是效率的差别……”

钱叔叔正说着，忽然传来了一阵敲门声和妈妈叫皮皮吃饭的声音。爸爸和妈妈已经形成了一种习惯，如果要找皮皮，首先是到钱叔叔家。

正听得入神的皮皮，极不情愿地答应了一声。钱叔叔说：“要不你先回家去吃饭吧，别让妈妈着急，关于效率，其实叔叔还要给你讲一些东西呢，后边有机会叔叔一定会给你讲的。”

皮皮此时是多么不愿意离开钱叔叔家啊，可是他没有办法，只好先回家吃饭去了。

不久，皮皮去找钱叔叔，钱叔叔履行诺言，又给皮皮讲了关于效率的一些事情——

多知道一点儿

·神奇的效率·

在工厂里，工人的薪水是由其工作效率决定的。一般来说，工厂里的薪资制度是按劳分配，多劳多得，谁的生产效率高，谁获得的薪水就相应多。

不同的国家和不同地域的人，收入也不一样。比如美国等西方发达国家的人均收入比中国等发展中国家的人均收入要高，是因为发达国家的发展效率高。在中国内部，东南沿海比西北内陆的人均收入高，是因为东南沿海地区的发展效率比西北内陆高。

今天，我们人类社会的迅猛发展，也主要靠生产效率的提高。在古代社会，科学技术还不发达，人们的生产、生活都是靠单纯的人工来做，所以生产效率很低。18世纪工业革命以来，科学技术突飞猛进，发明创造层出不穷，生产效率大大提高。

1733年，英国钟表匠约翰·凯伊发明了飞梭，打响技术革命的第一炮，它使织布机的效率提高了一倍。织布机效率的提高，又促进了纺纱机的革新。过去织布机织布，一个纺纱工纺的纱就能供应得上，而飞梭发明后，要10个纺纱工不停地纺才能供应得上。后来，织布工詹姆士·哈格里夫斯发明了珍妮纺纱机，一次可以纺出许多根棉线，纺纱的效率提高了几十倍。这样纺的纱多了，织布机又跟不上了，于是又推动织机的再改进，出现了蒸汽织机，把织布的效率又提高了6倍。纺织业在原始条件下，生产500码棉布要用人工5605小时，到了1900年仅需52小时的人工。

纵观人类社会的发展史，就是一部不断提高效率、节省时间的历史。据有关资料表明，从生产效率的角度，我们人类社会当今的一年的生产效率是20世纪初的10倍，是近代的100倍，是古代的1000倍。

马克思和恩格斯在《共产党宣言》中写道："资产阶级在它的不到100年的阶级统治中所创造的生产力，比过去一切时代创造的全部生产力还要多，还要大。"

·轮子的意义·

轮子已经有5000多年的历史了，但是最早的轮子并不是用在车上，不是用在交通上，而是做陶轮用的。

最简单的陶轮只需一对盘形的车轮，轮盘之间装一根轴，轴直立竖放；陶工一面用脚旋转下面的轮盘，一面用手将柔软的黏土置于上面的轮盘中，塑捏成型。

后来人们发现，把轮子如果放在地上滚动，可以节省力量。于是大约公元前3000年，有人用轮子制成了车,用来运输东西。这种原始的车虽然非常笨拙，但比从前一直用人的肩膀扛，用驴子、马来驮要好多了。据考古学家测算，当时一匹马的负重极限大约是90公斤，那时候的马没有后来的马壮，但是自从有了车之后，一匹马的负重就增加到了1.8吨，因为马不再直接用背来驮，而是拉车，拉的东西既多又省力，而且速度也快，节省时间，使交通运输的效率大大提高。

轮子用于车上,不仅促进了运输效率的大大提高，而且促进了社会组织效率的提高。据说在欧洲人到达美洲大陆时，美洲大陆还没有轮子。南美洲的印加帝国，当时有十几万的军队，最后西班牙人，仅仅几百人就把他们打败了。西班牙人为什么这么厉害？一个很大的原因就是，印加帝国分布在各地的部落之间，因为运输效率太低，没有办法快速地相互支援，没有办法组织起统一的力量，所以就失败了。所以说轮子也极大地提升了我们社会组织的能力和效率。

·从烽火台到电报、电话·

在古代，人们长途通信的方法主要有驿送、信鸽、烽火等。驿送是由专门负责的人员，乘坐马匹或其他交通工具，采用接力的方法将书信送到目的地。在古装影视剧中，我们常常能看到六百里加急的情节，就是传递非常重要的文书时，一天要跑六百里。一匹马一天无论如何也跑不了六百里，怎么办？就采用接力的方式，一匹马送到一个驿站，然后立即换另一匹马接着跑。但是即使如此，效率仍是不高，千里外的紧急情况要送到朝廷也需要好几天，如果受到天气影响，时间还会延迟。而信鸽的局限性更大，因为信鸽放出去后不再受人控制，其安全性和可靠性都会大打折扣。烽火的传递速度虽然快，能够及时让对方看到，但是只能传递简单的信息，主要是军情，如果前方发现敌人来了，就在烽火台上燃放烽火，让后方及时知道，以便应对。

在18世纪的美国，当时电报还没有发明，也使用烽火传递过信息，只不过不是传递军事情报，而是传递股市信息。巴尔的摩和华盛顿，分别有一个股票交易所，由于股票的交易价格随时会发生变化，为了保证两个交易所股票价格的一致，两个交易所必须能够及时互通信息。这两个城市之间的距离是六十公里，那时候没有汽车，火车也不发达，骑马最少也得两个小时，那么如何才能尽快将信息从一个城市送到另一个城市？当时美国人修了很多高台，让人站在上面，打旗子传递信号，另一边的人戴着望远镜看，然后一站一站地将信号传递过去。这种方法，在半个小时之内，就能让两个股票交易所的股价统一了。

1825年2月，有一位名叫萨缪尔·摩尔斯的美国画家，当时正在为华盛顿市政府作画。有一天，他收到了家人寄来的信，说他的妻子病重。于是，摩尔斯准备暂时放下工作，返回康涅狄格州的家。临行前，他又收到了父亲的信件，告诉他家里一切安好，妻子正在康复。但是6天后，当摩尔斯赶回家中的时候，妻子已经去世了。这件事给摩尔斯带来很大的打击。悲痛之余，他意识到，纸质信件作为当时传递信息的方式，在时效性上实在是太滞后了。于是他决心发明一种新的通信方式。经过多年的努力研究，到了1837年，摩尔斯终于发明了电报，能够远距离即时传递信息，极大地提高了通信效率。

而今，电报已经早已退出我们的生活，人们使用电话、网络进行通信，使人们之间的信息交流更为便捷。

·记住效率这个词·

在现实生活中，我们不论干什么事情，都应该讲求效率。我们学习成绩的好坏，就取决于学习的效率。同样的一堂课，有的同学认真听讲，紧跟老师的进度，当堂就弄懂了老师所教的知识，课后能很快完成作业，这些同学学习的效率就高；而有的同学上课不专心，课堂上不认真听讲，没有掌握老师所讲的知识，课后做作业费了好大的劲才完成，这些同学学习效率就低。有人说，学习方法很重要，为什么呢？就是因为好的学习方法能够提高学习效率。

我们在做其他事情上也要讲求效率。比如有的同学爱迟到，就是起床、穿衣、刷牙、洗脸、收拾东西等的效率太低。

效率总是和时间联系在一起的。做事的效率高，能节省时间；效率低，则浪费时间。

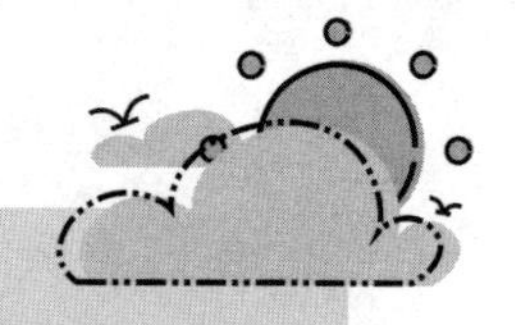

9. 小强的爸爸为什么被判刑

有一天，小强来到学校，无精打采的，他不像往常，一到教室就大呼小叫，拍一下这个，戳一下那个，不亦乐乎，而且以往每到课间，他总是和几个要好的朋友冲出教室，到操场上疯玩。但是今天一天，他都蔫蔫的，皮皮叫他去踢球，他轻轻地摇摇头，咬着嘴唇。皮皮看到他眼泪都快要掉下来了。

“小强，你怎么啦？”皮皮问。可他就是不说。

一连好几天，小强都是这个样子。皮皮在课间也问过他好多次，但他仍是什么都不说。后来皮皮问小强，是不是过生日时妈妈没有给他送礼物，还是爸爸或者妈妈生病了，要不就是家里发生了什么事……可是不管皮皮问什么，小强都始终是摇头，一言不发。皮皮的心里也很不是滋味，因为小强平时根本不是这个样子的，他想小强一定是遇到了什么大麻烦。

很快到了周末，皮皮在做作业，爸爸、妈妈在客厅小声嘀咕着什么，皮皮听到他们好像在说小强的爸爸。皮皮停下了笔，侧着耳朵偷偷地听起来。

爸爸、妈妈真的是在说小强的爸爸。他们说小强的爸爸好像是造假售假了，在面包中添加一种什么添加剂，对人体有害，现在被判刑了。皮皮的心里一沉，怪不得这几天小强一直都不高兴。小强曾跟同学们说，他爸爸是做生意的，办一个面包厂。

于是皮皮停下了做作业，到客厅去问爸爸，到底是怎么回事。爸爸却是愣了一下，一副什么也不知道的样子，说："什么呀？"

皮皮又问了一遍。

"没有啊！"爸爸仍然是一副什么也不知道的样子。

"你快说，到底是怎么回事？我明明听见你们谈了。"皮皮的心里很着急，也很生气。

“去去去，作业做完了没有？”爸爸也有点儿生气了。

看到爸爸生气了，皮皮也就不敢再问什么，不过他的作业确实还没有做完，他就赶快去做作业了。但是现在，皮皮做作业怎么也集中不了精力，他的眼前总是晃动着小强这几天愁眉苦脸的模样，耳边总是回响着爸爸、妈妈刚才压低声音嘀咕的话题。

皮皮好不容易做完了作业，他又去问爸爸。爸爸实在拗不过，就对他说这是真的，并叮嘱他到学校后千万不要对别的同学说。皮皮点了点头。

皮皮心里非常难过，但是他不明白这一切到底是怎么回事。

他想弄个清楚，但他觉得这一切爸爸不仅不能给他说清楚，反而又会训斥他，于是他想到了钱叔叔，他决定去向钱叔叔问个明白。他现在和钱叔叔已经成了无所不谈的好朋友，他想钱叔叔一定会告诉他的，而且钱叔叔也一定不会出去乱说这件事。

皮皮敲开了钱叔叔的家门。好几天不见皮皮，钱叔叔也非常高兴，连忙将皮皮让进屋子。皮皮把小强爸爸的情况告诉了钱叔叔。

钱叔叔说："你说的这件事我其实已经知道了，这几天人们都在说这件事。据说小强的爸爸在面包中添加了一种添加剂，加了这种东西，面包的口味会更好，但是这种东西对人的身体有害，尤其是儿童。现在事情还在调查阶段，如果最后证实了，小强的爸爸会被判刑，被关进监狱的。"

皮皮听了一惊，他没有想到问题会这么严重，怪不得小强这几天心情特别糟糕。

钱叔叔叹了一口气，说："赚钱当然是应该的，但是赚钱要坚持一个原则，赚钱不能干坏事，不能干违法的事啊！"

皮皮的心里很难受,但他却不知道该说什么才好。

钱叔叔接着讲起来——

不能靠干坏事赚钱

前面我们讲了自由市场，自由市场交换给人们带来了很大的便利，让人们在自由交换中都能得到自己所需要的东西。

但是在自由市场中，并不是每一对买方和卖方都能够进行友好协商，公平买卖，用双方满意的价格和货物进行交易。总是有少数人为了自己的私利，强买强卖；或者暗地里使坏，造假售假等，破坏市场中的公平交易。

比如，两个人在进行交易时，双方价格没有谈拢，买方威胁卖方说："你如果不按我出的价格卖给我，小心我揍你一顿！"

尽管卖方看到买方蛮不讲理，但看到对方人高马大，自己打也打不过，只能好汉不吃眼前亏，说："好吧，我卖给你。"

或者是买方嫌卖方的价格高，或者嫌卖方货物的质量不好，于是卖方便借着自己人多势众，威胁买方，买方不得已而购买。

有时也有卖方在买方不知情的情况下，用假货、次等货充当好货，或者向货物中掺假，卖给买方。

在市场交易中，会有各种各样的危害公平交易的事情出现，不是卖方损害买方的利益，就是买方危害卖方的利益，从而使市场交易不能正常进行。

这时候就需要有专门的一方来出面维护市场秩序，这一方就是**政府**。为了保障市场的正常交易，政府制定相应的法律、制度、规定等，并监督、落实和执行，对那些强买强卖、制假售假、囤积居奇、意图扰乱市场秩序的人进行惩处。这样一来，对扰乱市场的人就会造成一种威慑，使每个人都能够按照一定的规则进行交易。

像小强的爸爸在食品中添加对人体有害的物质，就是一种严重的造假售假行为，不仅严重破坏了市场环境，也对人们的身体带来了伤害。所以他下一步面临的就是法律的严惩。

听到这里，皮皮一下子明白了。在自由市场中，人们必须货真价实，平等交易，不能弄虚作假，不能损害别人的利益。像小强的爸爸，为了多赚钱而在面包中添加对人体有害的东西，是一种违反市场规则的行为，所以就要受到惩罚。惩罚的目的，是让他以后不再违反，同时也警示别人不违反，让市场秩序能够正常进行。

接下来，钱叔叔又讲了一些关于市场规则方面的知识——

多知道一点儿

·关于市场规则·

自由市场并不是完全自由的。由于不道德的交易行为会带来巨额利润，所以有些商家就会在市场中采用不道德的交易行为。为了防止这种现象，世界上大多数国家都出台法律法规来约束市场中的交易行为。这方面的法律法规一般包括市场准入规则、市场竞争规则和市场交易规则。

市场准入规则规定哪些企业、商品可以进入市场，如商品的质量、计量及包装等必须符合有关规定，凡质量低劣、假冒伪造、“三无”（无商标、厂址、厂名）、过期失效、明令淘汰、有害身心健康的商品，不能进入市场。

市场竞争规则维护市场的公平竞争，禁止不正当竞争，如采用欺骗、胁迫、利诱、诋毁及其他违背公平竞争准则的手段，从事市场交易，损害竞争对手利益的行为。

市场交易规则主要对交易方式和行为做出规定，如交易必须公平、公开、公正，严禁欺行霸市、强买强卖等。

那些违反市场规则的人要受到法律法规的处罚，从而为交易双方之间的交易创造公开、公正和公平的市场交易环境。

·质量是企业的生命线·

中国有这样两家著名的大企业，一家因能正确地处理质量问题而走向强大，一家却因错误地处理质量问题而从强大走向毁灭。这两家企业分别是海尔冰箱和三鹿奶粉。

海尔集团创始于 1984 年。就在企业刚刚创立的第二年，一位用户反映，工厂生产的电冰箱有质量问题。于是厂长张瑞敏突击检查了仓库，发现仓库中有缺陷的冰箱还有 76 台！当时研究处理办法时，大家都提出，这些冰箱虽然有质量问题，但还可以用，要么降价处理，要么作为福利给本厂的员工。可是张瑞敏却做出了有悖“常理”的决定：开一个全体员工的现场会，把76台冰箱当众全部砸毁。而且，由生产这些冰箱的员工亲自来砸。当时正值改革开放之初，国家还很贫困，物资紧缺，企业也刚刚创立，资金非常紧张，给工人发工资都十分困难，就这样“毁坏”东西，这个决定大家都不能接受。但张瑞敏认为，如果让这些有缺陷的冰箱存在，质量问题就不会从根本上引起大家的重视，他坚持自己的决定。当时砸冰箱时，许多工人当场流泪了。结果，就是一柄大锤，砸醒了海尔人的质量意识！今天，海尔在家电行业，不仅成为中国名牌，而且成为世界名牌。

三鹿奶粉自1956年创办，经过50多年的发展，到20世纪初，已经成为我国奶粉行业的著名品牌。2006年，全国有几十名患有肾结石的儿童，经诊断为食用三鹿奶粉所致。因为三鹿奶粉受到三聚氰胺污染，三聚氰胺是一种有害物质，人如果长期摄入，会导致膀胱、肾产生结石，严重者会导致膀胱癌。但是三鹿奶粉收到投诉后，不但不从奶粉质量方面找问题，反而通过多种途径推卸责任。最后经过多方鉴定，一致认定是三鹿奶粉中含有三聚氰胺。三鹿奶粉不仅失去了消费者的信任，而且受到了国家有关部门的严重处罚。三鹿奶粉就这样倒闭了。

·经济效益与社会效益·

经济效益就是多赚钱，社会效益就是有利于社会的发展、繁荣和稳定。企业是一个经济组织，赚取利润是其天生的宗旨和使命。但是企业在追求经济效益的同时，也应该追求社会效益，这样不仅对社会有益，而且能使企业可持续发展，并获得丰厚的利润。

世界著名的公司在考虑企业的长期持续发展时，会经济效益与社会效益并重，除了要追求利润，还兼顾了社会和环境问题。具有社会责任感的企业会保证工人拿到合理的工资，还会为工人创造舒适的工作条件，不会让工人置身于危险化学品和设备之中。他们给工人假期和病假工资，不雇佣童工，允许工人组建工会，联合起来与管理层进行劳资谈判。他们会关注生产对环境的影响，还要确保供应商也能坚持同样的标准。

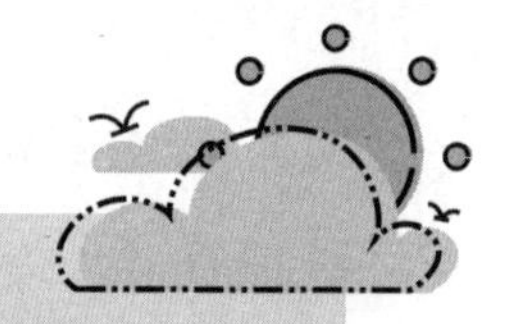

10. 交警叔叔的钱从哪里来

皮皮和爸爸每次上街，都会看到交警叔叔在指挥交通。不论严寒酷暑，刮风下雨，交警叔叔都会坚守岗位，站在十字路口中央的交警台上，指挥着来往的车辆，红灯停，绿灯行，秩序井然地通过十字路口。

忽然有一天，皮皮想：爸爸的工资是饭店发的，饭店的钱是卖饭来的；妈妈的工资是服装厂发的，服装厂的钱是卖衣服来的；医生的工资是医院发的，医院的钱是给病人看病来的；建筑工人的工资是建筑公司发的，建筑公司的钱是盖房子来的……但是交警叔叔每天什么也不生产，什么也不卖，谁给他发工资？给他发工资的钱又是从哪里来的呢？

想到这里时，皮皮又想到：除了交警叔叔，还有很多职业，不生产制造什么东西，也不卖什么东西，比如老师，每天给学生上课，但学校并不收学费；还有一次，皮皮和爸爸去街道办开了一封介绍信，但人家也没有收钱。那么谁给交警叔叔、老师还有街道办的叔叔阿姨发工资，发工资的钱又是从哪里来的呢？

于是皮皮问爸爸，爸爸说是国家发的。皮皮又问国家的钱是从哪里来的？爸爸可能是不知道，或者是嫌皮皮烦，就说："小孩子家管那么多事干吗？"

由于爸爸说不出个门道，还训人，皮皮也有点儿生气，说："你不知道就罢了，还训人，我问钱叔叔去。"皮皮想，钱叔叔一定会知道其中的缘由的。

但是没想到爸爸却说："不能去，眼看就要期末考试了，你要好好复习，期末考个好成绩。"

"不行，我就要去。"皮皮和爸爸犟起嘴来。

"平时你找钱叔叔我不管，但现在马上要考试了，你不能去。"爸爸生气地说。最近几个月来，皮皮从钱叔叔那里学了不少东西，爸爸、妈妈也非常高兴。但期末考试的日子眼看就快到了，不能马虎呀。再说，从钱叔叔那里学来的知识考试也不考，所以爸爸无论如何也不同意皮皮再去找钱叔叔。

看到爸爸这样，皮皮也就只好作罢。期末考试眼看就到了，大概就是一星期多，还是忍忍吧。再说，如果考个好成绩，让钱叔叔高兴一下也好。

于是皮皮将这个问题暂时放下来，每天放学回来认真复习。尽管有时会不由自主地想起来，但他想，爸爸、妈妈肯定不会让他去，于是他又打消了这个念头，强迫自己复习功课。

一个多星期后，好不容易考完了试，放寒假了，皮皮这次考试还不错，语文、数学都是满分，英语是 98 分，皮皮高高兴兴地去敲钱叔叔的家门。门开了，也许是好久不见的缘故吧，钱叔叔非常高兴，将皮皮迎进屋里。还没等皮皮开口，钱叔叔就问皮皮最近的情况，放假了没有，考试怎么样。皮皮一一回答钱叔叔，当说起自己的成绩时，皮皮一脸的骄傲。钱叔叔连连夸奖皮皮，还竖起了大拇指。皮皮倒有点儿不好意思了，不知如何回答钱叔叔，甚至连自己的问题都忘了。

钱叔叔问："皮皮这次有什么新问题没有？"

钱叔叔的话，让皮皮一下子想起了自己的问题，他赶忙向钱叔叔讲了。钱叔叔说："哦，想不到皮皮还有这么重要的问题，涉及经济学的一个大问题呢！"

"什么问题？还是个大问题？"皮皮也兴奋起来，连忙问。

"这个问题涉及**税收**，好吧，让钱叔叔给你讲。"

接着，钱叔叔兴奋地给皮皮讲起来——

税收

皮皮这个问题问得非常好。上次我们讲到了政府，政府担负着对市场、对社会进行管理的职能。但是我们当时却没有讲，政府在行使这些职能的过程中，是需要大量的人力和物力的，也就是说需要花很多钱。比如交警指挥交通、军队保卫边疆、老师给学生上课、政府的人员办公……他们都不进行生产，也不进行买卖，但是做这些事情需要的钱，包括人员的工资、办公用品、办公设备等，都是从哪里来呢？

当然，这些钱都不是从天上掉下来的，也不是政府凭空制造出来的。前面我们已经知道了，如果凭空制造出钱来，不仅不会给人们带来什么好处，而且会引起通货膨胀，引发一些社会问题。政府的各种职能运转需要花的这些钱，都是来自**税收**。那么什么是税收呢？

税收就是政府按一定的规定，向人们征收一定的钱，作为政府行使各种职能的开销。税收有各种形式，现代社会的税种主要有：

营业税：对市场的卖方征收的税，不管是企业、集体，还是个人，只要你是卖方，进行了交易，就要征税。

消费税：向市场中买方征收的税，只要你买了东西，就要征税。

企业所得税：对企业的收入征收的税。

个人所得税：对个人的收入征收的税。个人收入达到一定程度就要征税，收入越多，征税就越多。

资源税：对开采自然资源征收的税。

车船税：对购买车船等交通工具征收的税。

……

听着钱叔叔的讲述，皮皮明白了。其实社会上有好多职业，都是既不进行生产活动，又不进行买卖活动，他们从事的就是公共事业活动。他们的一切开支都来源于税收。

接着，钱叔叔又讲了关于税收方面的一些知识——

多知道一点儿

·我国古代的税·

我国历史上税收有过各种各样的名称。除税这个词外，还称作赋、租、捐、课、调、算、庸、粮、榷布、钱等。有时它们之间还发生混用或联用的现象。在中国历史上混用或联用最多的词是赋税、租税和捐税。

税字是由禾和兑两个字组成。禾指农产品，兑有送达和交换的意思，因而送交农产品的为税。早期的税都是农产品，包括粮食、布匹等，在现代，税的范围绝不限于对农产品的征收。

在古代，把征收的用于军需品的税叫作赋，如征用的兵车、武器、衣甲等，所以赋字由贝加武组成，即货币用于战争的意思。后来不再征收实物，而是将军需品折成粮食或银两按田亩收，被称为赋税。

租在现代与税的含义也是不同的，在奴隶社会，由于土地是公有的，国家向诸侯、公卿、大夫收取的地租相当于税，因此在很长一段时期里人们一直使用租税这个名称。捐原本是一种自愿的交纳，但后来统治者为了增加收入，强制人们捐给国家财物，以至捐与税难以划分，所以被称为捐税。

·我国全面取消农业税·

中国为传统的农业国，按土地田亩多少征税一直是国家统治的基础，国库收入主要来自土地税收。中华人民共和国成立后，按土地征税仍是国家的一个重要税种，被称为农业税。改革开放后，由于社会经济全面发展，农业税在整个税收中所占的比例越来越小，但是农业税对农民的负担却越来越重，因此决定自 2006 年 1 月 1 日起，全面废止农业税。农业税从春秋时期鲁国实行的初税亩（公元前 594 年）算起，至此共计实行了整整 2600 年。

·我国目前的税种·

我国目前的税种基本分为四大类：

一是流转税类。这些税种是在生产、流通或服务领域，按纳税人取得的销售收入或营业收入征收，包括增值税、消费税、营业税、关税、资源税等。

二是所得税类。这些税种是按照纳税人取得的利润或纯收入征收，包括企业所得税。

三是财产税类。这些税种是对纳税人拥有或使用的财产征收，包括房产税、土地使用税、车船税、车辆购置税、契税、耕地占用税、船舶吨税等。

四是行为税类。这些税种是对特定行为或为达到特定目的而征收，包括城市维护建设税、印花税、土地增值税、屠宰税等。

·世界上形形色色的税种·

在世界各地，有一些奇怪的税，这些形形色色的税中，有的趣味横生，有的让人瞠目结舌，有的又令人匪夷所思，甚至啼笑皆非。

外国新娘税：阿拉伯联合酋长国的男子结婚，往往要准备巨额彩礼，致使很多人望而却步，只好将视线转向外国女子。阿联酋政府发现这一苗头后，立即出台一条新规定，凡是娶外国女孩为妻的男子，必须向政府缴纳一笔外国新娘税。

改名税：在比利时修改个人名字，需缴纳 200 比利时法郎的税款。

离婚税：在美国加利福尼亚州，倘若一对结婚不到两年、未生养且无贵重财产的夫妇申请离婚，那么就必须向政府支付 30 美元的离婚税。

胡须税：法国国王法兰西有一次和御林军一起喝酒，酒后玩雪球仗，不小心伤了嘴唇，为了掩饰伤口不得已蓄留了胡子。因为国王留了胡子，全国就上行下效起来了。为了限制人们效仿，于是国王颁布法令，规定只准贵族留胡子，普通老百姓留胡子要缴税。后来俄罗斯也一度效仿法兰西，征收胡须税，如果不愿意交，胡子就会被强行剪掉。

乞丐税：法国巴黎的香榭丽舍大街被喻为乞丐的天堂，为了控制乞丐的数量，政府对乞丐实行准许制，必须缴纳 1.5 万法郎税款后，才拥有在这里行乞的资格。

小便税：为了防止企业利用阴沟里的尿液制造氨水，古罗马曾征收过小便税。

独身税： 在苏联，做单身汉并不容易。由于国家人口少，政府就鼓励生育，同时向不结婚的单身汉征税，凡是 20 ~ 50 岁的男子独身都要缴纳独身税。

假发税：在欧洲和美国纽约的一些地区，假发是不能随便戴的，否则要纳税。

骑马税：在英国，一些有马匹的人出行都骑上了牛，因为骑马要纳税。

狗税：匈牙利这个国家的人们喜欢养狗，自 18 世纪以来，养狗的人都要纳税。

窗户税：16 世纪，英国王室为了增加收入，曾经对居民按房子窗户的多少征税，一个房子的前 10 个窗子是免税的，然后每多一个窗子就要交越来越高的税。

房宽税：荷兰首都阿姆斯特丹有一条长长的运河，为了给市政建设筹钱，当地政府曾经对面向运河的房子征收房子宽度税，房子越宽，需要交的税越多。

11. 压岁钱该怎么花

过年了，皮皮好高兴啊，自己不但大了一岁，而且收获了不少压岁钱。皮皮的爷爷、奶奶、姥爷、姥姥、舅舅、叔叔，还有大姨、小姨，都给了皮皮压岁钱，有给 100 元的，有给 200 元的。皮皮把这些钱数了又数，有 1000 多元呢。每年过年，皮皮都能收到不少的压岁钱。但是一回到家，爸爸、妈妈就连哄劝带“威胁”，从皮皮的口袋里给拿走了。皮皮只是空欢喜一场。

可是今年，皮皮的爸爸、妈妈答应这笔钱归皮皮了。因为皮皮爸爸工作的餐馆最近效益很好，给皮皮爸爸涨了工资，过年还发了一笔奖金。因此一家人非常高兴。加上皮皮认识了钱叔叔后，不但学了不少有关经济方面的知识，而且学习的劲头也大了，这次考试居然考了班里的第二名。于是妈妈从头到脚给皮皮做了一身新衣服，皮皮感到自己神气多了。

往年过年，妈妈给皮皮做新衣服都做不全，有时上衣是新的，有时裤子是新的，按妈妈的话说，过年只要有一两件新衣服，能代表新年的新气象就行了。其实妈妈并不是不想给皮皮里里外外都做新的，只是没有多余的钱罢了。而爸爸和妈妈，常常过年是连一件新衣服都没有呢。今年，爸爸、妈妈也都各自做了一身新衣服，他们天天都是笑容满面。

皮皮趁着这个机会，向爸爸、妈妈提出要求，今年的压岁钱爸爸、妈妈不能拿走，一定要归他自己。一开始，爸爸、妈妈怎么也不接受，说皮皮太小，管理不了，会弄丢的。可是皮皮仗着爸爸、妈妈今年过年心情好，同时自己这次考试的成绩也好，就和爸爸、妈妈软磨硬缠。最后爸爸、妈妈居然答应了，只是有个条件，这笔钱归皮皮，但是必须放在妈妈手里，由妈妈保管。皮皮要买什么东西，可以向爸爸、妈妈提出，然后妈妈再把钱给皮皮。妈妈暂时先给皮皮手里留了100元，这100元皮皮可以自由支配，去买自己想要的东西。

这下可把皮皮兴奋坏了。他没有想到自己一下就拥有了这么多钱，更重要的是他手里现在就有一张鲜艳的百元大钞，而且再也不用担心被爸爸、妈妈收回了。皮皮把这100元藏在自己的枕头下面，每天都要拿出来看好几回。100元对于皮皮来说，可是一笔巨款呢。皮皮想，他一定要用这笔钱买一件对自己来说最有价值的东西。同时他也想证明，他自己会花钱，会把钱花得恰到好处。他想，如果这一百元他花好了，才会赢得爸爸、妈妈的信任，被妈妈保管的那些钱才会真正属于自己。如果他将这100元花得一塌糊涂，说不定爸爸、妈妈到时会反悔，那一笔巨款就再也不会给他了。

一连想了几天，皮皮都没有想到这笔钱的花法。之前，皮皮只要看到自己想要的东西，就给爸爸要。也许是因为钱不是自己的吧，他才没有爸爸那种心疼的感觉。可是现在，这钱成了他自己的，他却又舍不得花了。他觉得，不论买什么东西，都不能完全符合他的心意。开始他想买一个机器人，那个机器人他早就想要了，98 元钱。之前向爸爸要过，爸爸嫌贵，没有买。现在他也觉得太贵了，如果买了，他手里就只剩下两元钱了。后来他又想买一盒水彩，但又一想，水彩是属于学习用具，应该爸爸、妈妈买。

皮皮没有想到，现在手里有钱，不仅没有给他带来快乐，反而有了烦恼。爸爸、妈妈除了取笑他，也没有给什么好的主意，还是让他自己花，因为这钱现在是属于他的了。

忽然，他想起了钱叔叔，一下子变得兴奋起来。他好多天都没有见过钱叔叔了。由于过年，钱叔叔不再在这里住，也回家过年去了，现在应该回来了吧。

于是，他去敲钱叔叔的家门，门很快就开了。也许是好长时间不见，钱叔叔一看是皮皮，高兴坏了，一把将皮皮拉进屋里去，问这问那，还给皮皮拿出好吃的糖果，皮皮准备的“新年好”之类的问候都顾不上给钱叔叔说。

过了好一会儿，钱叔叔才平静下来。皮皮首先向钱叔叔问了新年好，然后向钱叔叔讲了自己最近的烦恼。

“呦，过了一个年，皮皮长大了。”钱叔叔摸了一下皮皮的头，说，“花钱，可是一项大本领呢，一个人如果不会花钱，就是有再多的钱，他也过不好自己的生活。这个问题，你问得太好了。”

说完，钱叔叔就开始讲起来——

想要的、需要的和必需的

生活中我们想要的东西很多很多，但是我们口袋里的钱却是有限的。不光是我们普通人，就是世界上的大富翁，也感到自己口袋里的钱不够花。我们普通人的钱不够花，我们都有体会，但为什么大富翁感到钱也不够花呢？因为每个人想要的东西不一样，我们普通人想要的东西可能是吃一顿美餐，买一身名牌服装，但是大富翁想要的东西则可能是一辆豪车，一处别墅，甚至是一架飞机！

所以，世界上的每个人，都不能随心所欲地花钱，来满足自己的各种愿望，想买什么就买什么。因此，我们花钱时，应该从两个方面考虑。

一方面，我们口袋里有多少钱？我们要根据口袋里钱的多少来满足自己的各种愿望。我们想要的东西，不能超出口袋里的钱的限制。比如，我现在只有100元钱，但是我看上了一个500元的玩具车，虽然我很想买，但是也没法买。

另一方面，我们一定要搞清楚，哪些是我们想要的东西，哪些是我们需要的东西，哪些是我们必需的东西。

我们想要的东西太多啦，什么都想要，天上的星星也想要，哈哈。

我们需要的东西，范围就缩小了很多。但是我们再仔细筛选一下，我们需要的东西中，有许多是可以要也可以不要的东西，这类东西，如果我们的钱不够充足，还是不要了吧。剩下的就是必需的东西了。

我们必需的东西，是我们生活中必不可少的，一定需要的，那就必须花钱买喽，哈哈哈——

钱叔叔说着，笑了起来。

皮皮也笑了。听着钱叔叔的讲述，他心中的迷茫慢慢散开了。原来不光是自己有花钱的烦恼，那些大富翁们也是如此呀。任何人花钱都不是随意花的，想怎么花就怎么花，都要受到一定的约束。每次买东西前，都要想想自己口袋里有多少钱，都要仔细考虑一下，哪些东西是最应该买的，哪些东西是可买可不买的。但是对于自己来说，到底哪些是必须买的，哪些是可买可不买的，皮皮心里还是没底。

钱叔叔仿佛看穿了皮皮的心思，说："当然，判断哪些是必需的，哪些是可买可不买的，得有一套标准。"

"对呀，我现在就是不知道标准，要是知道这套标准，就好了。"皮皮说。

"哈哈，其实这个标准很简单。"说着，钱叔叔又接着讲起来——

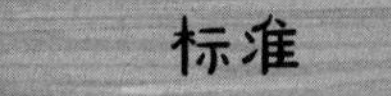

怎样区分可买可不买的东西和必需的东西呢？

作为我们每一个人来说，必需的东西就是衣、食、住、行所需要的，因为我们每天都要吃饭、穿衣、住房子，出门要坐车。但是这些东西，也有一个层次之分，比如吃饭，花一点儿钱吃很简单的一顿饭，我们也能吃饱，但是如果吃一顿大餐，则要花很多钱。再比如穿衣，普通的衣服花钱就少，而名牌的衣服花钱就多。还有住房，房子也有普通的房子和豪宅之分。最后是出行，不同的交通工具，花费也就不一样。

所以这个标准应当是满足我们的正常生活，而不是奢侈的生活……

“哦，我明白了，我原来买的好多东西都是可买可不买的东西，浪费了很多钱。”皮皮说。

“对，皮皮真聪明。”钱叔叔摸了一下皮皮的头，说，“其实对于你现在来说，生活中必需的物品本来就不用你来操心，比如吃饭呀，穿衣呀，都有爸爸、妈妈替你准备好了。”

“是呀。”皮皮想了想说，“那么我现在手里的钱，就可以不花了。”

“对，不花了。”钱叔叔说，“如果不花，不仅可以将这些钱攒下来，等到我们真正需要钱的时候再花；同时，还可以让钱生钱，就是让现有的这些钱再去生新的钱，而且越生越多，就像生宝宝一样。”

“钱也能生宝宝？而且越生越多？”皮皮的眼睛顿时放出兴奋的光芒。

“对，钱也能生宝宝，而且会越生越多。”钱叔叔肯定地说。

“怎么生呢，您赶快给我说说！”皮皮迫不及待地说。

正在这时，门外响起了敲门声，接着是皮皮妈妈叫皮皮的声音：“皮皮，赶快回家做作业吧。”

皮皮很懊丧，妈妈怎么在这时候叫自己呢。

可是钱叔叔却说：“要不你先回去吧，让钱生宝宝也不能耽误做作业呀，过几天你再来找叔叔吧。”

皮皮没有办法，只好先回家了。

12. 让钱生宝宝

皮皮回家后，摊开了作业本，但是他怎么也做不进去，满脑子都是怎样让钱生宝宝。他觉得钱叔叔讲的可神奇了，钱怎么能够越生越多？以前钱叔叔讲过，劳动创造财富，钱要变多，就必须多劳动，多生产。但是这一次，钱叔叔却说，钱能够自己生出钱来，而且还会越生越多。

“皮皮，半天怎么才写了几行字？”妈妈来到皮皮身边，看了一眼皮皮的作业本，嘟囔了一句。

皮皮明白了过来，赶紧提起笔写起来。可是过了一会儿，他的脑子又陷入钱生宝宝的问题中去。

过了一会儿，妈妈又过来看了看皮皮的作业本，见上面还是那几行字，就又嘟囔了一句。这样反复了好几次，最后妈妈都生气了，皮皮的心里也有些发虚和害怕，他才略微收心，勉强做完了作业。

一连几天，皮皮都是这样，脑子里想着钱如何能够生钱的问题。

好不容易到了周末，皮皮做完了作业，就去找钱叔叔。皮皮的心情是多么激动啊，他终于很快能够知道这个秘密了。

砰砰砰——

吱呀一声，门开了。钱叔叔一看是皮皮，高兴极了，一边把皮皮往里让，一边说："我就知道你会来的，还在想钱生宝宝的问题吗？"

"我天天都在想啊。"皮皮迫不及待地说。

"好，那我现在就开始给你讲吧。"钱叔叔一边让皮皮坐下来，一边说，"通常，我们把让钱生宝宝叫作**理财**。"

"哦，理财？我听过这个词呢！"皮皮说。

"那好呀，说明你对理财不陌生。"说着，钱叔叔问，"但是你知道理财是怎么回事吗？"

皮皮摇了摇头。

“理财的方法有好几种呢，我们先讲最基本的一种，存银行。”

“存银行？我知道，爸爸的钱就存银行。但是爸爸的钱为什么不会越变越多呢？”

“哈哈，你别急嘛，我慢慢给你讲。”说着，钱叔叔摸了一下皮皮的头，就开始讲起来——

存银行

平常，人有了多余的钱，或者暂时不用的钱，一般都会去存银行。人们把钱存银行主要是为了安全，钱装在身上，或者放在家里，不小心弄丢了怎么办？据说有一个老人，将一笔钱藏在粮囤里，等他用的时候去取，不承想已经被老鼠咬碎了。所以通常人们会把钱存进银行，等到用的时候再去银行取出来。另外，人们把钱存进银行，还能获得**利息**。

什么是利息呢？

利息就是我们要讲到的钱生出来的宝宝。

但是为什么把钱存进银行，钱就能生出宝宝呢？

在我们的生活中，有一种非常普遍的情况。有些人手头有多余的钱，一时花不了。还有一些人手头非常缺钱，钱不够用，有的是家里要办一件大事情，比如买房子；有的是要投资创业等。

钱不够用，怎么办？就需要向别人借。如果需要的钱的数额不是很大，可以向个人借，但是如果需要的钱数额巨大，几十万、几百万、几千万，甚至更多，向个人就无法借了。在这样的情况下，就产生了一种中间机构——银行。

银行让手头有多余钱的人，把自己的余钱存进银行，虽然每个人存的钱的数额不是很大，但是存的人多了，积少成多，数额就会特别巨大。然后银行再将钱借给需要大数额钱的人。比如我们要办一个企业，需要投资几百万、几千万，我们就可以向银行去借。

个人将钱存进银行，并不是白白存进去的，银行会付给存钱人一定的报酬，这个报酬就是利息。利息是按照存钱数额和存钱时间计算的，如果存的钱越多，时间越长，获得的利息就会越多。如果我们将一时不需要花的钱存进银行，我们会获得一定的利息。

同时，需要钱的人向银行借钱，也不是白借的，银行也要向其收取一定的报酬，这个报酬也叫利息。这个利息也是按借钱数额和借钱时间计算的，借的钱越多，借的时间越长，银行收取的利息就越多。

通常，银行向借钱人收取的利息较高，而付给存钱人的利息较低，这样两者之间就有一个差价，这个差价就是银行的利润。所以银行也是企业，因为它也是以赚钱营利为目的的，它是用钱来赚钱的，专门做钱的生意。我们一般把银行叫作金融企业。

在人类社会中，银行将社会上单个人的大量闲散资金聚集起来，然后又投入到生产、生活领域，对于社会扩大再生产、促进消费、解决人们的燃眉之急、改善人们的生活，发挥着非常巨大的作用。

“哦。我明白了。”听钱叔叔讲到这里，皮皮兴奋地说，“我们将自己一时花不了的钱存进银行，不仅自己能够获得利息收入，而且也能让我们的钱，在社会上发挥作用呢。”

“对呀，皮皮说得对。”钱叔叔摸了一下皮皮的头说。

“不过，把钱存银行获得利息，只是让钱生钱的最基本的方法，而且获得的利息也很有限，要让钱能生更多的钱，还有一种方法，那就是买股票。”钱叔叔说。

“股票，我好像听过，您赶快给我讲吧。”皮皮又有点儿迫不及待了。

“哈哈哈，好，讲讲吧。”

说着，钱叔叔就开始讲起来——

买股票

买股票是怎么让钱生宝宝的呢？

假如我要创办一家企业，需要投资1000元钱，但我手里只有500元钱，怎么办？也许你会说，向银行借呀。但是除了向银行借，还有什么办法吗？有，那就是找人投资入股。我说，如果谁愿意为我投资100元，我就把企业每年的利润给他分十分之一。你听了我的话，觉得这是一件多么好的事情啊，于是就拿出100元投资入股了。另外也有4个人分别拿出100元投资入股了。我分别给你们5个人出具了一张投资100元的入股凭证，这个凭证我们就把它叫作股票。接下来按照约定，我每年都给你们每个人分十分之一的利润。

几年后，假如你手头急需钱，或者别的什么原因不想再给我的企业投资了，你也可以把我给你的入股凭证——也就是股票——卖掉。因为我的企业办得很红火，你每年都能分得100元钱的利润，所以你这张股票人们都抢着买，你当时入股是100元，现在150元都有人买，于是你卖了150元。所以这张股票，你不光之前每年能分得100元利润，还多卖了50元钱。

在现实生活中，很多企业，尤其是那些大型企业，需要巨额的资金投入，光靠企业的创办者是没有那么多钱的，所以他们就找人投资入股。而那些企业的股票，也可以买卖。于是形成了一个股票交易市场，就是股市。一般来说，如果一个企业的未来处于上升和发展态势，其股票价格就会上涨；如果是走下坡路，股票价格则会下跌。我们可以根据自己的判断来买卖某个企业的股票。如果我们觉得哪个企业办得红火，有很好的发展前景，就买那个企业的股票；如果觉得哪个企业没有发展前景，就可以将那个企业的股票卖掉。

购买股票能够获得可观的收益，但同时也有很大的风险。如果企业在创办和发展过程中，是借银行的钱，不论企业经营好坏，借银行的钱都是要还的。而投资者投资入股的钱，如果企业经营不善，没有赚到钱甚至倒闭，也不用给投资者还钱。这样，投资者就会面临很大的风险。

所以说，购买股票不能盲目，购买时一定要对企业的实力和市场的趋势进行比较全面的考察和了解。如果你购买了处于上升态势的企业的股票，你可能会大赚一笔，而如果你购买了处于衰落态势的企业的股票，你则可能赔得血本无归。

买基金

让钱生宝宝，除了将钱存入银行和买股票，还有一个途径，就是买基金。那么基金是怎么回事呢？

我们已经知道，买股票虽然能产生很大的收益，但也可能会有很大的风险。我们买股票，如果没有股票方面的专业知识，也没有时间来专门研究市场，买了经营不好也没有发展前景的企业的股票，我们就会亏本。在这种情况下，有一种专门的基金公司，会专门替这样的人投资，赚取的收益一部分归自己，一部分归这些人。比如某基金公司发行 1000 元的基金，每份 100 元，共 10 份。我买了一份，100 元。这个基金公司将这 1000 元拿去购买了某企业的股票，每年获得 200 元的收益。然后基金公司会把这 200 元中的 100 元留给自己，另外 100 元分给买他们基金的人，这样每份 100 元的基金，每年就能获得 10 元的收益。

买基金的收益比股票少一些，但是由于基金公司拥有专业的投资人员，这些投资人员都有专业的投资技能，对市场情况能够进行比较准确的判断，所以投资的风险也相对小了很多。

以前皮皮常听人说起股票和基金，但他并不明白它们是怎么回事。听了钱叔叔的讲述，皮皮明白了。

接着，钱叔叔又讲了关于理财方面的一些事——

多知道一点儿

·时间的价值·

投资理财不论采取什么方式，时间都是一个十分重要的关键要素。

有这样一个故事。20 世纪 90 年代，美国一个汽车经销商促销卖汽车，1 万美元的汽车打八五折。一个月过去了，销量没有起色。后来他换了一种促销方式，送价值一万美元的 30 年美国国债。哇，大家一算，买一万美元的汽车，得到了一万美元的国债，好划算啊。结果，不到一个星期，销售一空。看似送美元国债很划算啊，真的是这样的吗？

首先我们算算送一万美元国债促销，这个一万美元的国债是 30 年后才能兑现的。在 20 世纪 90 年代中期，美国国债利率水平在 8%，30 年后的 1 万美元，折算到买车的时刻，也就是 994 美元。再看八五折促销，相当于买车的时刻，就便宜了 10000×0.15=1500（美元）。

经过计算，当然是八五折更划算，节省了 500 多美元呢。

不同的投资方式，在相同的时间内获得的收益也是大不一样的。

2007年，张三、李四、王二、麻子四人都积蓄了10万元。

张三是风险厌恶者，把10万元存在银行了，10年期年利率5.85，10年后变成了18万元。

李四喜欢冒风险，2007年买了某公司的股票，10年后，10万元变成了4万元。

王二也喜欢冒风险，2007年买了某公司的股票，10年后，10万元变成了360万元。

麻子喜欢稍微冒一点儿风险，2007年拿10万元作为首付，在北京买了一套房子，10年后，卖了，赚了310万元。

·“股神”巴菲特的故事·

沃伦·巴菲特是世界上靠购买股票暴富的世界第二大富豪，被誉为“股神”。

巴菲特1930年出生于美国内布拉斯加州的奥马哈市的一个证券推销员家庭，从小就有赚钱的强烈欲望，梦想在35岁时成为富豪。受家庭影响，他对股票特别着迷，当其他孩子还在玩飞机模型、棒球或赛马的时候，他却一门心思盯着华尔街的股市图表，像大人一样，专心致志地画出各种股票价格波动的曲线，画得像模像样，令父母惊叹不已。

11岁时，他鼓动姐姐与自己共同购买股票，他们合资买了3股“城市服务公司”的股票，每股38美元。他满怀信心地等待出手赚钱。然而，该股不断下跌，姐姐很气愤，不断埋怨他选错了股。值得庆幸的是，该股价格很快反弹，上涨到每股40美元，小巴菲特沉不住气了，将股票全部出手，赚了6美元。正当他得意的时候，该股价格又狂升，姐姐又埋怨他卖早了。

这是他第一次涉足股市，虽然赚得不多，却收获了教训：在股市中一定要不为震荡所动，相信自己的判断，持之以恒。

巴菲特不断地在股市中尝试，不断总结经验，加上父母的指点，很快就积累了一笔不小的财富。初中刚毕业，他就用炒股赚的钱在拉斯维加斯州购置了一块40亩的农场，成为一个“小地主”。

进入高中后，巴菲特一边学习，一边炒股，兴趣越来越浓。上了大学，他专心攻读金融学，醉心投资之道，并成为“金融教父”——本杰明·格兰姆教授的得意门生。大学毕业后，他在格兰姆教授的公司里任职，一段时间后，他成立了自己的公司，专门投资股票。

当时，美国的传播业处于低潮，许多报刊与广播公司亏损，绝大多数人认为，这种状况将继续低迷，股价会不断走低。而巴菲特认为，它们是成长性企业，后期看好，其股市价值远远低于实际价值，在股市上人家抛出，他偏吃进，巴菲特尽一切可能大量吃进包括《华盛顿邮报》、美国广播公司等在内的多种传媒业的股票。很快，这些企业因业绩前景好而止跌上涨，巴菲特再度高价位出手，赚到上百万美元。接着，巴菲特又连续购买了一些当时并不被人看好的公司的股票，这些公司的股票被人们称为垃圾股，但巴菲特认为，这些公司虽然当下不好，但从长远来看，是有很大的成长性的，于是他坚信自己的选择。

后来的事实证明，巴菲特的选择是正确的。2003

年《财富》杂志资料显示，沃伦·巴菲特个人资产280亿美元，是世界10位亿万富翁之一。2004年《福布斯》杂志全球富豪排行榜显示，沃伦·巴菲特个人资产429亿美元，坐上全球富人的第二把交椅。

小时候的经验，使巴菲特深刻地认识到，投资股票一定要保持长线心态，想在短期内暴富的心态是绝对不可取的。他曾说："我从不打算在买入股票的次日就赚钱，我买入股票时，总是会先假设明天交易所就会关门，5年之后才又重新打开，恢复交易。"他告诫投资人，任何一档股票，如果你没有把握能够持有10年的话，那就连10分钟都不必考虑持有。

13. 小红爸爸的意外灾祸

小红是一个阳光开朗的女生，学习也非常努力，成绩在班上总是名列前茅，对同学们也非常热心，大家都很喜欢她。她最近好几天都没有来学校了，开始同学们都没有在意，因为正值冬天，正是流感高发的季节，班上总是有同学感冒请假。

可是今天班会上，老师突然宣布了一个令人震惊和悲痛的消息，说小红的爸爸发生了一次意外灾祸，现在正在住院抢救，刚刚脱离危险期，但是后续需要50多万元的高昂医疗费，让同学们捐款，不光本班同学捐，现在学校已经组织全校同学和老师捐款了。

小红的爸爸是下班回家时，被后面一辆高速行驶的摩托车撞上了，但那位摩托车司机并没有停下来救人，而是直接逃逸了。小红爸爸是被路边的行人送到医院的。后来虽然摩托车司机被警方找到了，但是那位摩托车司机却拿不出更多的钱来为小红的爸爸看病。现在，抢救中的小红爸爸，每天都需要几千元的医疗费，这可真是愁煞了人。

听到这件事后，同学们都非常难过，纷纷谴责那位摩托车司机，骑摩托车时怎么不小心，不按规定路线行驶，现在出了事，给小红一家带来这么大的灾祸。同时，同学们纷纷表示要捐款，来为小红爸爸的治疗助一臂之力，帮助小红一家渡过难关，让小红能够赶快回到学校，安心上学。

第二天，学校召开了专门的募捐大会。老师和同学们都纷纷捐款，郑重地将手里的钱投进募捐箱，皮皮捐了 20 元。昨天放学回去，他就将这件事情告诉了爸爸、妈妈。他们都说应该捐款，爸爸给了他 10 元，他又从自己的零花钱里取出了 10 元，包好放进了书包。老师大部分捐的是 100 元，也有少数捐几百元的，同学们大部分是几元到几十元不等，也有少数 1 元的和 100 元的。捐款的时候，校长在台上不断地动员，一方面要大家奉献爱心，一方面又要大家力所能及。是啊，每个人不论捐了多少钱，捐出去的都是自己的一片爱心啊！

捐款结束后，公布的捐款数字是两万多元。但是小红爸爸看病需要 50 多万元啊，这还远远不够。这又该怎么办呢？皮皮的心情变得沉重起来。小红是一个多么优秀的女生，她曾经有一个多么幸福的家，但是一个意外的事故，就让这个家庭变得痛苦不堪。如果是自己，也遇到这样一个意外的灾祸，那该怎么办？这样的灾祸，无论发生在谁家，都是难以承受的。皮皮想到这里，有点儿害怕起来。

皮皮将自己的担忧告诉妈妈，但他的话还没有说完，妈妈就赶快捂住了他的嘴，不让他继续说。接着，妈妈就变了脸色斥责他，让他不要说不吉利的话。但是皮皮心想，难道说了这样的话就会发生这样的事吗？如果真的发生了这样的事，到底应该怎么办呢？

皮皮的心里烦乱极了，他想起了钱叔叔。他想钱叔叔一定能够帮他解决疑难的。于是他去敲开了钱叔叔的家门。

钱叔叔听了小红爸爸的事，心里也非常难过。钱叔叔还说他要给小红的爸爸捐献1000元钱。皮皮听了，心里非常感动。他觉得钱叔叔真好，不仅知识丰富，而且心地也非常善良，他打心眼儿里越来越喜欢钱叔叔了。

接着，皮皮又向钱叔叔说了自己的担忧。钱叔叔叹了一口气，摸了一下皮皮的头，说："这个问题，皮皮提得很好。一个人的一生很漫长，免不了会有意外的灾祸或疾病。而那些意外，人是毫无准备的，一旦发生，仅靠自身的力量也是难以应对的。靠别人的帮助，如募捐等，也不一定有所保障。就说募捐吧，有时募到的多，有时少。因此，人类为应对人生中的各种意外，产生了一种保障机制——**保险**。"

"保险！"皮皮的眼睛忽然一亮，这个词他曾听爸爸、妈妈常常提起，但是他却并不知道那是什么意思。

"对，保险！我们今天就来讲一讲保险。"

"好啊，钱叔叔你就讲吧。"皮皮迫不及待地说。

钱叔叔就开始讲起来——

保险

什么是保险？保险就是对人生的经济保障。在一个人的一生中，难免会发生各种意外的灾祸或变故，比如生了一场大病，需要花一大笔钱才能医治；家里花了好多钱，好不容易买到的房子，被一场意外的大火烧毁了；开车出行，尽管非常小心，但是突然发生意外，导致一场车祸；正在行走，突然不知怎么回事摔了一跤摔成重伤……

这些意外灾祸和变故，我们无法预料。当它们真的发生后，我们仅凭个人的力量又难以应对，就像小红的爸爸出的那场车祸，看病要花那么多的钱，一个普通的家庭的确是难以承受的。人类为了应对这各种各样的意外灾祸和变故，便产生了一种保障机制——保险。

保险就是让绝大多数人保障极少数人。一般来说，像重大疾病、车祸等意外灾祸，都是在极少数人身上发生的，于是我们可以向很多人收取一定的费用，别看每个人收取一点点儿，但是收取的人多了，就是一大笔费用，如果这些收取费用的人之中有人发生了意外，就用这一大笔费用帮他解决困难。

保险是由保险公司负责运营的。保险公司根据现实情况，设计了各种各样的保险种类。一般来说，有人身险、财产险和责任险等险种。

人身险就是关于人身安全的保险，比如人自身生病、死亡及受到意外伤害等。

财产险是关于财产安全的保险，比如房子、汽车及其他贵重物品受到意外损毁的保险。

责任险就是关于承担某一方面责任的保险，比如你买了新车，你就要对行人负有安全责任，有一种保险就叫安全责任险，如果你购买了这种保险，你不小心肇事伤及他人，就可以用这种保险对伤者进行赔偿。

保险公司为了使保险更有针对性，将每一种大的险种，针对不同的人群需求，又设计细分出很多更小的险种，如人身保险方面，目前市场上又有健康险、疾病险、意外伤害险、死亡险等；财产险有企业财产险、家庭财产险、工程财产险、农业财产险等。

一个人，他不知道自己什么时候会生病，也不知道什么时候会受到伤害，但是保险能让我们的未来得到保障。如果我们购买了某一方面的保险，我们在这方面受到了损害，就能得到相应的保障。比如我们购买了一份人身意外伤害险，我们的人身安全就有了相应的保障，我们走路不小心摔了一跤，胳膊、腿受伤了，骨折了，医疗费保险公司就会给我们相应的赔付。再如，我们买了一辆新车，购买了盗窃险，车停在路边，晚上被偷车贼偷走了，保险公司就会给我们赔车。

皮皮听着，陷入了沉思。他想，小红的爸爸要是早早买了保险，那该多好啊，现在遇到这么大的灾祸，就不用发愁钱的问题了。正像钱叔叔说的，一个人，他不知道自己什么时候会生病，也不知道什么时候会受到伤害，但是保险能让我们的未来得到保障。

保险，保险，对于一个人来说是多么重要啊！

接着，钱叔叔又讲了关于保险的一些事——

·世界上形形色色的保险·

无辜被关监狱险：在荷兰，如果有人被无辜关进了监狱，无辜被关监狱险则可让他从保险公司领取500欧元，年保费12~28欧元。有了这个保障，就算经常被冤枉关进了监狱，也不会是件坏事了。同样是这家荷兰公司，还推出了一款产品，投保人可以给自己或亲友投保被人偷拍险，如果投保后发现自己或亲友被人偷拍，则可向保险公司索赔1000欧元，年保费也是12~28欧元。如果不想让自己的隐私曝光的话，这个保险倒是不错的选择。

身体器官保险：英国有一位喜剧演员，为保自己脑子里专管记忆台词的那一部分器官不出毛病，便向保险公司投保。美国纽约市歌剧院明星赖斯·史蒂文斯的嗓子特别好，他为自己的嗓子向保险公司投保了100万美元的保险。美国歌星约翰·丹华与保险公司签订了防止秀发脱落的保险合同，每年交纳保险费19万美元，直到45岁为止。英国的密利斯·戴维斯是世界上著名的小号演奏家，他把自己的双唇看作是一宝，于是他向保险公司买了50万美元的保险。而足球巨星贝克汉姆更是为自己的“金腿”购买了3100万英镑的巨额保单。

凡·高的艺术品保险：1990年3月30日（凡·高的诞生日）至7月29日（凡·高的逝世日），在荷兰举办了纪念画家凡·高的重大艺术展览会。会上共有180幅油画和250张素描展出，因为许多作品要通过空运和水运才能到达荷兰，运输、展览的过程中也可能会出现丢失或损坏，所以展览会投保了超过30亿美元保额的展览会一揽子保险。

“一杆进洞”保险：高尔夫球在国外是一项公众普遍喜爱的体育竞技活动，保险公司为高尔夫球运动员开设了多种保险，有人身保险、雇主责任险、意外伤害保险，等等。但是，其中最有趣，也是对运动员最富有吸引力的是所谓的“一杆进洞”保险。参加这项保险的运动员在职业高尔夫球比赛中，如能一杆击球进洞，他将会得到高额的奖金或是高级轿车。“一杆进洞”的概率是微乎其微的，但一旦击中，运动员便能在经济上得到保险公司的慷慨奖励。这对运动员的诱惑太大了，于是在很大程度上刺激了他们不断钻研技术、提高球艺。

外星人绑架保险：近年来，由于不明飞行物的接踵出现，对于外星人的传说也越发神秘，一些人担心遭受外星人绑架的恐惧心理日益增加。针对这一特殊现象，美国佛罗里达州成立了不明飞行物绑架保险公司，并开办了不明飞行物绑架保险，向被保险人所收取的保险费仅为9.95美元，但如果被保险人遭到来自不明飞行物的外星人的绑架，则可获得为数惊人的1000万美元赔偿金；被保险人在被外星人绑架期间，如果得不到营养充足的食物，还可获得2000万美元的额外赔偿。这一保险办法还规定，被保险人即使遭到多次外星人绑架，只能获得一次赔偿；同时被保险人在领取赔偿时，还要填写表格，其中一项内容为：如果不明飞行物有编号的话，还要填定清楚。不明飞行物绑架保险公司已售出1200份遭受外星人绑架的保险单，但截至目前，尚未发生过一起索赔事宜。

雇员忠诚保险：在西方社会里，令雇主不安的是雇员的欺诈和不诚实行为，对雇主造成重大的金钱或货物的损失。英国的信用担保协会，为了维护雇主利益，推出了忠诚保险业务，成为英国唯一指定的忠诚保险公司，该公司承担由于被保险雇员的欺诈或不诚实行为而对雇主造成金钱和货物的损失，给予经济补偿，但不负责库存物资的短缺损失。据统计，英国已有10%的雇主办理了雇员忠诚保险。

婚礼保险： 新加坡职总英康保险合作社为该国举行婚礼的夫妇开设了一种新型保险项目，投保的夫妇可就婚礼当天遇到的意外差错索取赔偿。保单的承保范围包括承办婚宴的饭店因不景气而歇业、珠宝被盗及结婚礼服受损等。这种保单的最高赔偿额为30万新加坡元（合16.6万美元）。

·保险助罗斯福竞选州长·

富兰克林·德拉诺·罗斯福(1882—1945)是美国历史上最伟大的总统之一。他于1932年当选为美国总统，任期达12年，成为美国历史上唯一连任四届的总统。

1910年，罗斯福经人推荐当选为纽约州参议员，开始了他向联邦政治舞台迈进的第一步。1921年夏天，他在缅因州的坎波贝洛岛和家人一起度假，谁知不幸降临到他身上，他在冰冷的海水里游泳后，忽然双腿麻痹，经诊断是脊髓灰质炎（俗称小儿麻痹症）。当时罗斯福才39岁，正值壮年，却不得不离开政坛，接受治疗。他每天花大量的时间锻炼身体，以增强体质。直到1924年，他去佐治亚州温泉治病后，病情才逐步有所好转。

1929年，罗斯福成功当选纽约州州长。

1930年，当他再次竞选纽约州州长时，他的竞争对手共和党人查尔斯·塔特尔便以罗斯福的健康状况作为主要的攻击点，四处散布有关罗斯福身体状况恶化的各种谣言。罗斯福为了击退关于他健康状况的种种流言，就让保险公司的医生为他检查身体。检查表明，48岁的罗斯福就像30多岁的人一样健康。保险公司的医生们在大肆渲染中，审批了他总额为56万美元的健康保险单。而按照惯例，一个人所能购买的健康保险最多不超过50万美元。于是，各种流言不攻自破，罗斯福成功当选纽约州州长。

可以说，这张 56 万美元的健康保险保单，帮助罗斯福成功竞选了纽约州州长，也为他日后竞选美国总统打下了良好的基础。基于此，罗斯福对保险是由衷地感激。

他在当选总统后，高度评价保险：“一个有责任感的人对父母、妻子、儿女真爱的表现乃在于他对这个温馨、幸福的家庭有万全的准备。保持适当的寿险，是一种道德责任，也是国民该负起的义务。”

14. 长大以后的自己

一天，老师布置了一篇作文，题目是《长大以后的自己》，让同学们发挥想象，写长大以后自己会是什么样子。

长大以后我会是什么样子？这个问题，皮皮还没有认真思考过。虽然他想过自己的理想，而且理想也变过好几次，从科学家到医生，从医生到企业家（当然当企业家是认识钱叔叔后受钱叔叔影响的），但那都是在脑子里一晃而过，到底怎样当一个科学家、警察、医生或企业家，在他脑子里并不清晰，只是一种美妙而模糊的轮廓。

因为这次要写作文，他就不得不认真思考，即便是想象，也要费一番脑筋的。他不能说，我长大后是一个什么家，这一句话就完了，他必须多写一些字，当一个什么样的什么家，他研究的是什么，发明了什么，是怎样发明的……哎呀，太复杂了。但皮皮是一个善于动脑筋和喜欢想象的孩子，他想呀想，最后还是写完了这篇作文，他写的是长大后成为了一名企业家，办了一个很大很大的工厂，生产一种玩具，很受小朋友们的欢迎，赚了很多很多钱，然后他给爸爸、妈妈买了很大很大的房子，还给山区上不起学的孩子们修建了学校，让他们也能像城里的孩子一样快乐和幸福地学习……

让皮皮感到意外的是，他的这篇作文写得非常成功，竟然被老师当作一篇佳作在全班同学面前宣读，这可是破天荒第一次呢。皮皮当然非常高兴。但是高兴过后，皮皮就想，他作文里的这一切只是想象的，长大后到底能不能实现？长大后自己到底会成为一个什么样的人？他怎样才能成为理想中的自己？于是他想到了钱叔叔，他想他应该将这篇成功的作文告诉钱叔叔，里面毕竟也有钱叔叔的一份功劳啊。另外，他也想请教钱叔叔，他觉得钱叔叔很聪明，每次都能帮他解决疑难，这次也一定能够帮他解决。

好不容易等到了周末，皮皮带着那篇作文，去敲钱叔叔的家门。钱叔叔开了门，一看是皮皮，和往常一样，非常兴奋，连忙将皮皮迎进家门，亲昵地摸着皮皮的头，问这问那。

皮皮让钱叔叔看了自己写的作文，钱叔叔连连夸赞皮皮不但作文写得好，而且还夸皮皮是一个有想法的孩子。皮皮倒有点儿害羞，不好意思起来，但他还是给钱叔叔讲了自己的问题。

皮皮问完后，钱叔叔没有像以往那样直接回答皮皮的问题，他笑了笑说："皮皮，还记得我第一次见你时，你是为了买一支雪糕和爸爸闹别扭的吧？"

皮皮有点儿不好意思地笑了。钱叔叔又接着说："其实当叔叔第一次见你时，你已经认识到了钱的重要性，在生活中处处都需要钱，没有钱的生活根本就没法正常生活，吃的、住的、玩的，这一切都是建立在钱的基础上。"

皮皮眨了眨眼睛，点了点头。钱叔叔又说："你今天能问这样的问题，说明你已经知道理想不能是虚幻的、模糊的。一个人的理想，其实和钱是紧密相关的。一个人不管将来的理想是什么，首先都应该拥有一份能够养活自己的工作，如果一个人连自己的生活都保证不了，还能谈什么理想呢？”

听着钱叔叔的话，皮皮连连点头。接着钱叔叔就开始讲起来——

工作，工作，工作

对于人来说，工作实在是太重要了，因为人只有靠工作才能维持自己的生存，人需要的一切物质，衣食住行、休闲娱乐，都要靠工作来创造。在现代社会，通常情况下人们每天的工作时间为8小时，每周休息两天，另外还有一些法定节假日，但实际上，很多人每天的工作远远超过8小时，休息日和节假日也在辛勤地工作。

在过去传统社会，人们工作基本是自给自足，也就是自己生产的产品主要供自己用，只是拿其中的一部分去市场交换。比如农民种粮食、蔬菜供自己吃，种棉花织布供自己穿衣等。这一点我们在前边已经讲过了。在现代社会，任何人都不可能自己生产出自己需要的所有生活用品，而是通过工作交换获得一定的货币，也就是赚钱，然后来购买自己生活所需要的物品。

虽然不同的人对工作有着不同的看法和理解，比如有些人认为工作能够赚钱维持生活，有些人认为工作可以给人带来快乐，也有些人认为工作能够实现个人的价值，但是对于大多数人来说，工作是他们维持正常生活的途径，不管他们愿意不愿意，快乐不快乐，他们都必须工作。因为今天不工作，就意味着明天没有饭吃，没有衣穿，不能想做自己喜欢的事情，比如去看一场电影，给自己喜欢的人买一份礼物。

虽然人们都说工作没有贵贱之分，但事实上，不同的工作获得的收入却大大不同。有些人的年薪是几百万元人民币，每月几十万元，而大部分人的月薪却只有几千元，甚至仅千元左右。月薪几十万元的人，可以过一种非常优越和体面的生活，但是月薪几千元的人，生活就不得不精打细算，而仅仅千元左右的人，则几乎连基本的一日三餐都难以维持。

听到这里，皮皮陷入了沉思，他对钱叔叔的话感受太深了，因为爸爸、妈妈每月的工资只有几千元，所以他们一家的生活就过得很紧巴，住着很小的房子，他常常为了买一件自己喜欢的玩具而惹爸爸生气，他也常常和爸爸闹别扭。

是的，钱对于生活太重要了。他想自己长大成人后再也不能像爸爸、妈妈那样整天辛辛苦苦却赚着很低的工资，过着很艰难的生活了。但是怎样才能够拥有一份能够赚很多钱的工作呢？

这时，钱叔叔仿佛看出了皮皮的心思，说："工作的性质不同，需要的能力也不同，一般来说，知识水平高和技术水平高的人，薪水就高，而不需要多少知识和技术的工作，薪水就低。"

钱叔叔的话，让皮皮想起了小明的爸爸，想起了钱叔叔给他讲的为什么小明的爸爸能够赚很多很多的钱。当时钱叔叔说："在劳动力市场中，不同的人具备的知识、才能、技术、智慧、体力和劳动等是不同的，有的人学历高，知识渊博，才华出众，他们往往就能找到高层的管理工作，拿着很高的薪水；有的人拥有一技之长，精通一门专业技术，薪水也非常丰厚；有的人很有艺术才华，是著名的画家、书法家或著名的演员等，他们的收入往往更高；有的人没有读过书，没有知识，没有文化，只能从事普通工作，又辛苦，薪水又低……”

想到这里，皮皮从心底里感到，将来要有一份收入很好的工作，现在就需要努力读书。知识真是太重要了。

接着，钱叔叔又开始讲起知识的重要性来——

多知道一点儿

·知识的价值·

20世纪初，美国福特公司正处于高速发展时期，一座座厂房、一个个车间迅速建成并投入使用，客户的订单快把福特公司销售处的办公室塞满了。每一辆刚刚下线的福特汽车都有许多人排队等着购买。突然，福特公司一台电机出了毛病，几乎整个车间都不能运转，相关的生产工作也被迫停了下来。公司调来大批检修工人反复检修，又请了许多专家来察看，可怎么也找不到问题出在哪儿，更谈不上维修了。福特公司的领导急得火冒三丈，别说停一天，就是停一分钟，对福特公司来讲也是巨大的经济损失。这时有人提议去请著名的物理学家、电机专家斯坦门茨帮助，大家一听有理，急忙派专人把斯坦门茨请来。

斯坦门茨仔细检查了电机，然后用粉笔在电机外壳上画了一条线，对工作人员说："打开电机，在记号处把里面的线圈减少 16 圈。"人们照办了，令人惊异的是，故障竟然排除了！生产立刻恢复了！

福特公司的经理问斯坦门茨要多少酬金，斯坦门茨说："不多，只需要 1 万美元。"1 万美元？就只简简单单画了一条线！当时福特公司最著名的薪酬口号是"月薪 5 美元"，这在当时是很高的工资待遇，以至于全美国许许多多经验丰富的技术工人和优秀的工程师为了这 5 美元月薪从各地纷纷涌来。1 条线，1 万美元，一个普通职员 100 多年的收入总和！斯坦门茨看大家迷惑不解，转身开了个清单：画一条线，1 美元；知道在哪儿画线，9999 美元。福特公司的经理看了之后，不仅照价付酬，还重金聘用了斯坦门茨。因为画一条线每个人都会，但是在哪儿画，并不是谁都知道，这就是知识的价值。

《泰晤士高等教育》曾经统计了2016年《福布斯》富豪榜中全球最富有的500人的毕业院校。从调查结果来看，哈佛大学、哥伦比亚大学等高校领跑榜单。其中，500位全球首富中有35位为哈佛校友，而排在第二位的哥伦比亚大学中则走出了12位亿万富翁，排在第三位的斯坦福大学，走出了10位亿万富翁。

有关机构曾对改革开放以来中国各大富豪榜上榜富豪的学历背景进行调查，结果显示：1999年，中国富豪们大多是“原生态”的小学或中学出身，但后来有相当一部分人是通过自学考试、电大、夜大、函授和网络教育等形式完成了自己的学业；到了2003年，百富榜上大专和本科学历以上的富豪占到57%；2008年以后，富豪们的学历不仅是高学历、高起点，硕士生、博士生越来越多，而且学习平台也越来越高，大都是“985”“211”等国家重点大学，而出国留学取得世界顶级大学学历的也不在少数。

对于我们普通人来说，个人收入和学历高低也呈正相关状态。据《中国2015本科平均薪资百校榜》显示，靠前的五所名校，清华大学毕业五年平均薪酬每月12807元，复旦大学11661元，上海财经大学11235元，北京大学11227元，上海交通大学11201元。

15. 钱也有没用的时候

快要放暑假了，这几天皮皮非常兴奋。因为爸爸答应，这次期末考试如果皮皮考得好，就要带皮皮去爬山。皮皮可喜欢爬山了，之前爸爸已经带皮皮爬过两次，但都是星期天，爬到半山腰就返回了。因为如果爬得远，爸爸害怕当天不能返回，明天皮皮还要上学呀，所以皮皮总是有一种意犹未尽的感觉。而这次去，爸爸说他自己有连续三天假，皮皮也不上学，他们要爬到山顶，去看一个古代烽火台的遗迹。而更让皮皮神往的是，他们还要和其他一起登山的人，在烽火台下搭帐篷，露营一个晚上。登山、看烽火台、野外露营，这些都是在书中和电影、电视上才能看到的事情，但是自己就要马上亲自去做了，皮皮一想起来就激动不已。

这一天终于来到了。一大早，皮皮就和爸爸带着鼓囊囊的行装出发了，爸爸背着帐篷，皮皮背着饮料和食品。他们先坐了半个多小时的公交车，然后又坐了近两个小时的长途汽车，来到了山脚下。山下是一个小镇，街道两边有很多饭馆和卖纪念品的商店，由于前来登山休闲的人很多，熙熙攘攘的，让小镇显得非常繁华和热闹。前来登山者大多是年轻人，也有一些老人和小孩，大家都穿得非常精干，显得很精神。饭馆的生意很火爆，人们都在为下一步的登山补充能量。而那些纪念品商店，生意则要冷清很多，进出的人稀稀拉拉，有的里面连一个人都没有。

爸爸说："我们先吃饭吧，你想吃什么就要什么，吃饱了才有力气登山。山里面没有饭馆，只能吃带来的食物。"然后带皮皮走进一家饭馆。

看到今天爸爸很大方，皮皮更加兴奋，要了两个自己最爱吃的蜂蜜粽子，又买了两个热狗。爸爸给自己要了一大碗泡馍，又给皮皮要了一碗稀饭。两个人吃饱喝足后，就开始爬山了。

皮皮和爸爸顺着一条羊肠小道，一边爬一边抬头望，哇，山顶都快要挨着天了。但是皮皮的劲头很足，他一边爬，一边和爸爸聊关于大山的话题，由于爸爸对大山并不是很了解，这就更增加了皮皮对大山的神秘感和一定要爬到山顶的信心。他像个猴子一样，不断地往前蹿，落下了好多人，也将爸爸落下了很远。爸爸说，爬山要有耐力，开始不能太快太猛，不然很快会将体力消耗完，后边就没有力气爬了。但皮皮就是不听，往前蹿一段，就回过头向后边的爸爸做鬼脸。

过了不久，皮皮的速度开始减慢下来，和爸爸一起往上爬。他的话也渐渐地少了起来。但是皮皮仍是信心不减，努力地往上爬。山路盘旋蜿蜒，时而平缓，时而陡峭，等到他们爬上山顶的时候，太阳已经快要落山了，这时，不少人已经登上了山顶。虽然他们刚才还是又累又饿，但是当他们看到那古老斑驳而又宏伟壮观的烽火台的时候，他们一下子就来了精神，皮皮迫不及待地登上烽火台，往下俯视。哇，那么巍峨高耸的大山，现在就在自己的脚下，山下的一切，都变成了一个小黑点，而远处那些登山的人，就像一只只蚂蚁在缓慢地往上爬。

“嗷——胜利了——我们胜利了——”

皮皮喊叫起来，爸爸也非常兴奋，跟皮皮一块儿喊起来，旁边的人也投来激动和友好的目光。

疯了一会儿，皮皮慢慢就感觉到又累又饿了，于是他和爸爸拿出带来的食物，狼吞虎咽地吃起来。然后，他们找了块较为平坦的空地，撑起帐篷。这时，已经有不少人的帐篷也撑起来了，看着就像电影里的蒙古包，皮皮激动极了。

皮皮和爸爸在山上度过了一个刺激又快乐的晚上，第二天早上又欣赏了日出，然后就和大家一起，下山返回了。

上山很费力，而下山就轻松多了，一路上皮皮都在贪玩，每看到一种新的植物、一块奇怪的石头，都要鼓捣半天。渐渐地，他们就被一起下山的大队人马落下了。开始，他们并没感觉到有什么问题，但是后来，爸爸就开始嘟囔，说是不是走错路了，因为已经三四个小时过去了，他们还一点儿也看不到山下小镇的影子。按说他们现在应该已经走了一半多的路，也应该看到山下了。皮皮的心里也有点儿慌乱起来，同时也感到渴了和饿了。但是，他的背包里已经变成空空的了，早上下山前，他们已经吃完了剩下的食物，喝完了所有的水。因为五六个小时后就会下山，他们计划在山下的饭馆大吃一顿，然后回家。可是现在该怎么办呢，他们身边除了山石和树木，便什么也没有。

肯定是走错路了。于是皮皮和爸爸看了看周围，他们正处于一片森林之中，本来爸爸想通过山顶来判断方向，但此时由于树木繁多，遮蔽了视线，他们根本看不到山顶。加上又不巧的是，早上下山前还是晴天，后来就变成阴天了，也看不到太阳，所以他们不可能通过太阳来辨别方向。他们没有办法，只好顺着正在走的路，往前走了，他们觉得，也许路没有走错，只是还差两个来小时的路程，现在还看不到山下而已。

他们又走了两个多小时，可是越走森林越茂密，让人有一种阴森森的感觉。莫不是走到原始森林了？因为他们听说，这座山中是有原始森林的。爸爸这时也有点儿慌乱起来。皮皮更是有些害怕了，他想起在书上和电视上曾经看到的探险家到原始森林探险的情节，要是万一来一只狼怎么办？来一只老虎怎么办？

“爸爸，肯定是路走错了，我们还是原路返回吧。”皮皮说。

“好吧。”

于是皮皮和爸爸又从原路往回走。又走了两个多小时，按说应该走出这片森林了，因为他们走进来时是走了两个多小时。但是他们却没有丝毫走出去的迹象。他们又累又饿，但是丝毫没有办法。他们来时，本来爸爸已经带了充足的钱，皮皮又害怕万一钱不够，还将自己攒的零花钱带了100多元。可是现在，带这么多钱又有什么用呢？如果这时有人100元卖一瓶水，100元卖一块面包，皮皮和爸爸也会买的，但是在这深山老林中，谁会到这里来卖东西呢？

天色渐渐暗下来，爸爸看了看表，现在已经是下午五点多钟，天快要黑了，不行就求救吧。但是爸爸拿出手机，却一点儿信号也没有。他们和外界已经失去了联系，现在该怎么办？两个人都从登山时的兴奋，变得懊恼、恐惧，甚至有点儿绝望了。

这时，忽然前方响起一片唰拉拉的声音，皮皮不由得打了个寒战，以为是来了一只野兽，脸色也变得煞白。爸爸一把将皮皮搂在了怀里。就在他们惊魂未定之时，忽然一个中年男子来到他们面前，惊讶地说："你们在这里干什么？"

他们稍稍安定下来后，爸爸向中年男子说明了情况。中年男子也介绍了自己：他是山下的山民，到山的深处来打猎，由于今天运气不好，一直没有打到什么猎物，所以回家晚了，正好碰到皮皮和爸爸。中年男子很热情，就带着皮皮和爸爸，往山下走。他说，皮皮和爸爸确实是走错了路，已经进入了原始森林，非常危险，因为进入原始森林的人，如果不熟悉路，又加上是阴天，不能用太阳辨别方向，就会兜圈子，永远走不出去。

又走了几个小时，他们终于来到了山下，皮皮和爸爸对中年男子非常感激，专门请人家吃了一顿饭，表示感谢。这顿饭非常丰盛，爸爸带家人出门吃饭，从来都没有这么大方过。皮皮也觉得应该好好感谢这位叔叔，他想，就是不论花多少钱，也难以表达对人家的感激之情啊。当他们深陷原始森林的时候，即便有再多的钱，也没有什么用。如果不是人家，他们真不知道会发生什么事情呢。

经历了这次有惊无险的旅程，皮皮感受很深。他很想将这件事告诉钱叔叔，与钱叔叔一起分享。于是他敲开了钱叔叔的家门。

“哎哟，是皮皮，好久不见了。”

钱叔叔打开门，非常热情，赶忙将皮皮迎进来，问这问那。皮皮见到钱叔叔也非常兴奋，一一回答了钱叔叔的问话，然后讲了自己的这次“历险记”及自己的感受。

钱叔叔听了，摸了一下皮皮的头，笑呵呵地说：“皮皮长大了，能自己思考问题了。”

皮皮听了，显得有点儿不好意思起来。钱叔叔又说：“钱在我们的生活中是必不可少的，因为我们生活基本的衣、食、住、行，都需要用钱来满足。没有钱，我们可以说是寸步难行。但是在有些特殊的情况下，有些东西，是用多少钱也买不来的。”

皮皮听了连连点头，因为对这一点，他已经有了深刻的感受。接着钱叔叔又说：“其实，**世界上最美好的东西是免费的**。”

“最美好的东西是免费的？”这下，皮皮有点懵懂了，睁大了眼睛不解地看着钱叔叔，疑惑地问。

“对！”钱叔叔肯定地说，然后接着给皮皮讲起来——

世界上最美好的东西是免费的

前面我们一直讲的都是关于钱的重要性，因为金钱能帮助我们满足衣、食、住、行的基本需要。同时，赚的钱多了，也能让我们得到更多的快乐和幸福，因为更多的钱能让我们的生活更加舒适。比如天天在家里吃饭吃腻了，要不到饭店里改善一下吧。这件衣服太普通了，还是买件名牌吧，穿出去的感觉会更好。天天陷于工作之中，太枯燥乏味了，换一种生活方式，出去旅游一段时间吧。这就是更多的钱能给我们带来的更多的好处。

但是除此之外，更多的金钱将不会给人带来更多的快乐。在需要金钱的同时，我们还需要亲情，因为亲情能给我们带来温暖；我们需要友情，因为友情能给我们带来帮助；我们也需要陌生人之间的相互关爱，因为陌生人之间的相互关爱能让世界更加和谐和美好；另外，我们还需要更多的时间，因为有了时间，我们才能够去做我们喜欢做的事情……

丰裕的物质财富对我们来说非常重要，而亲情、友情、时间等，对于我们来说更加重要，但是这些东西却是用金钱难以买到的。这些东西，我们往往不用花钱就能够轻松得到，但有时我们即使不论花多少钱也难以得到。

由于这次登山迷路的经历，皮皮已经感受到，钱并不能满足人们生活的全部，今天，在听了钱叔叔的讲述后，他的感受更加深刻了。是啊，以前他总是烦恼钱不够花，做梦都在想要是他能够拥有很多很多的钱，多好啊。但是现在，他知道了，钱对于人们的生活是非常重要的，但是生活中还有比钱更加重要的东西，更值得人们珍惜。

看着皮皮若有所思的样子，钱叔叔又说："我们不仅要知道钱不是生活的全部，钱也有难以买到的东西，另外我们还要知道，**钱如果使用不当，也会给人带来灾难和不幸。**"

"钱也会给人带来不幸？"钱叔叔的话，让皮皮瞪大了眼睛。

"对，如果我们能够正确看待和使用钱，钱就会给人带来快乐和幸福；但是如果使用不当，钱就会给人带来不幸。"钱叔叔说着，又开始讲起来——

彩票大奖者的悲剧

国外一位记者专门跟踪采访10年前那些彩票巨奖得主，却发现他们中的大多数人比中奖前活得更加潦倒落魄，有的甚至妻离子散，家破人亡。

英国普利茅斯市，一位40岁的男子迈克尔，10年前购买彩票中了280万英镑大奖。这下，他感到今后再也不用为钱发愁了，于是抛弃了古董家具经销商的工作，过起了“花花公子式”的奢侈生活。

他先是花25万英镑购买了另一座海景豪宅，花8万英镑买了两辆奔驰轿车，花20万英镑购买了一艘6米长的汽艇，又花25000英镑购买了许多名牌衣服。除了购买豪宅、名车、名牌服装及进行豪华度假外，他还四处投资，花30万英镑开了一家家具店，花25万英镑开了一家流行音乐录音棚，此外还投资了一家按摩店、一家酒馆和一家夜总会。

他还休掉了结发之妻，娶了一个20多岁的年轻模特为妻子，飞往巴哈马群岛，在巴哈马海滨举办了一个耗资1万英镑的婚礼。

可让迈克尔做梦也没想到的是，他和年轻模特的婚姻只持续了3个月，模特和他离婚后，还在离婚诉讼中分走了他那套价值25万英镑的豪宅。

由于一连串投资和决策失误，他投资的家具店、录音棚等生意全都以失败告终。

在短短的6年之内，他的所有投资全部血本无归。他不得不卖掉了自己的房子，搬到经营不善的酒馆中生活，晚上睡在酒馆办公室的一张气垫上。两年后，他不得不“重操旧业”，从事起中奖前的古董家具销售工作。

可是，由于一连串的挫折和失败，他已不能再像中奖前那样安心工作，古董家具的生意也每况愈下，入不敷出。

更让人心酸的是，他和前妻有两个儿子，他中奖后分别给了两个儿子一大笔钱，两个原本在学校品学兼优的儿子，自从得到了这笔巨款后，学习上不再用心，染上了游手好闲，甚至是吸毒的恶习。

本来幸福的一个家庭，竟然被这样一笔意外的巨额财富给毁了。

钱叔叔讲到这里，叹了一口气，皮皮也感到非常震惊和痛惜，以前，他只知道钱会给人带来快乐，有了足够多的钱，就可以毫无顾忌地做自己想做的事情，他怎么也想不到，如此巨额的财富竟会给人带来如此巨大的灾难。但再仔细想想，似乎也有可能，因为有了这么多的钱，就可以不用再学习，不用再工作，想干什么就干什么，这样下去肯定会出乱子的。于是他不由得说：“看来人的钱太多了也不好啊！”

“其实并不是这样。”钱叔叔微微笑了一下，摸着皮皮的头说，“钱多了并不是坏事，关键是看怎么花。你看世界上那些亿万富翁，他们的财富都是几十亿，甚至几百亿，远远超过一个彩票大奖的奖金，但是他们不仅事业成功，而且生活得快乐、幸福，受人尊重。”

“那为什么会这样呢？”皮皮眨了一下眼睛，问道。

“因为亿万富翁和彩票大奖者花钱的理念和方式不同，彩票大奖者是无所顾忌地满足自己的欲望，而亿万富翁则是用财富来做慈善，帮助他人。”

接下来，钱叔叔讲了那些亿万富翁们的花钱方式——

亿万富翁们的花钱方式

我们前面已经讲过，会花钱也是一项大本领，但当时我们讲的情况是，我们手里的钱很少，难以满足我们的很多欲望，甚至连普通的欲望都不能满足，比如买一件好玩的玩具、买一件名牌衣服、看一场流行的电影等，所以我们在花钱之前，必须搞清楚哪些东西是我们想要的，哪些东西是我们需要的，哪些东西是我们必需的，然后决定购买。但是如果你成了一个大富翁，拥有亿万财富，生活中的各种欲望就都能满足。如果你花钱不当，用钱去满足不正当的欲望，甚至是邪恶的欲望，钱就会给你带来灾难，甚至是毁了你。所以钱越多，越要会花钱，让钱为自己带来快乐，带来幸福，带来声望，带来荣耀，使自己成为一个不仅富有，而且受人尊重和爱戴的人。让我们来看看那些受人尊重和爱戴的亿万富翁的花钱方式吧。

石油大王洛克菲勒：洛克菲勒认为："多挣钱为的是多奉献。"他一生极为俭朴，近乎苦行僧，从童年到去世，没有抽过一支烟，没有喝过一口酒。取得成功后，他成为多方帮助穷人、黑人和废除奴隶制而斗争的人士。后来，他成了人类历史上的第一位亿万富翁，从此便全身心地投入到慈善和教育事业。他先后建立了芝加哥大学和洛克菲勒大学，1909年又创立了世界上最大的慈善机构——洛克菲勒健康和教育基金会，生前的捐款高达5亿美元。

“钢铁大王”摩根：摩根一生酷爱艺术收藏，藏有许多稀世珍品，其中有拉斐尔、鲁本斯等大师的名作及德国人古藤贝格15世纪印制的3本《圣经》(全世界仅剩48本)，逝世前两年，他决定把全部收藏赠送博物馆。

“股神”巴菲特：巴菲特以305亿美元个人资产的身价雄踞全球富豪排行第二名，但他却在遗嘱中宣布，将自己超过300亿美元的个人财产捐出99%给慈善事业。他对自己的三个子女明确表示：“如果能从我的遗产中得到一个美分，就算你们走运。”在一次股东大会上，他说：“那种以为只要投对娘胎便可一世衣食无忧的想法，损害了我心中的公平观念。”当时1.5万名股东们听罢掌声雷动，他接着说：“我希望我的3个孩子有足够的钱去干他们想干的事情，而不是有太多的钱却什么都不做。”

世界首富比尔·盖茨：与巴菲特相比，比尔·盖茨在慈善事业上的建树要更多一些。盖茨的财产超过400亿美元，迄今为止已经捐出了超过250亿美元。他在遗嘱中宣布，拿出98%创办以他和妻子的名字命名的比尔和梅林达基金会，这笔钱用于研究艾滋病和疟疾的疫苗，并为世界贫穷国家提供援助。盖茨的三个孩子每人只能从父母那里得到 1000 万美元和价值 1 亿美元的住宅。相对于富可敌国的家产来说，这些钱算不上什么。

三角出版公司总裁沃尔特·安纳伯格：号称媒体帝国的三角出版公司的总裁沃尔特·安纳伯格，去世前立遗嘱捐赠约 40 亿美元的所有家产用于大学研究及儿童教育。他在遗嘱中这样解释说，他的家人已经生活得很好了，而财富不应该集中在少数人手里。

脱口秀主持人奥普拉·温弗瑞：美国最有影响力的脱口秀主持人奥普拉·温弗瑞是一个黑人，出身社会底层，目睹了底层社会人们的悲苦生活，她成名后将自己的大部分财富进行慈善活动，不仅对美国的很多慈善活动进行了捐助，还在南非捐建了一所学校，来为那些贫困家庭的天才少女提供受教育的机会。

……

听着钱叔叔的讲述，皮皮的心被强烈地震撼了。这些拥有那么多财富的大富翁，他们的生活完全出乎我们常人的意料，更是和那些突然间中大奖发大财的人形成了鲜明的对比。皮皮原以为，有钱人过的都是非常气派的生活，想买什么就买什么，想干什么就干什么，而今他明白了，钱虽然能让人生活得很快乐，很舒服，很荣耀，很气派，但是如果花钱不当，或者是没有节制地花钱，钱就会给人带来不幸和灾难，甚至毁掉一个人，毁掉一个幸福的家庭。而如果能正确对待钱，将钱花在有益的事情上，钱就不仅能使个人快乐和幸福，而且能造福他人，造福社会，使自己成为一个受人尊重、受人爱戴的人。人们总是喜欢攀比。如果你想感觉自己比别人富有，不是你的钱比别人多，而是你能比别人更会花钱，去做帮助他人，有益社会的事情。

16. 皮皮的梦

这天夜里，皮皮做了一个梦，他梦见自己长大后成了一名大富翁，为爸爸、妈妈买了一套大大的房子，然后捐款为很多贫困山区修建了学校，还修建了一所世界上最大的科学研究基地，让科学家们潜心研究攻克癌症等不治之症的药品，让患不治之症的病人不再受到生命的威胁……

第二天，皮皮将这个梦告诉了钱叔叔，钱叔叔摸着皮皮的头说："小不点，你是一个肯动脑筋而且很积极上进的孩子，将来一定能成为一个真正的大富翁的。"

听着钱叔叔的话，皮皮点了点头，甜甜地笑了。